0.01秒

0.01秒！短不短？短！
但，有时候，成功就是由0.01秒决定的。

王维 著

中国致公出版社
China Zhigong Press

图书在版编目（CIP）数据

0.01 秒 / 王维著. -- 北京：中国致公出版社，2018
 ISBN 978-7-5145-1107-9

Ⅰ. ①0… Ⅱ. ①王… Ⅲ. ①成功心理—通俗读物 Ⅳ. ① B848.4-49

中国版本图书馆 CIP 数据核字 (2017) 第 261943 号

0.01 秒
王维 著

责任编辑：张洪雪
责任印制：岳　珍

出版发行：	中国致公出版社
地　　址：	北京市海淀区翠微路 2 号院科贸楼
邮　　编：	100036
电　　话：	010-85869872（发行部）
经　　销：	全国新华书店
印　　刷：	固安县京平诚乾印刷有限公司
开　　本：	787mm×1092mm　1/16
印　　张：	15.5
字　　数：	217 千字
版　　次：	2018 年 4 月第 1 版　2018 年 4 月第 1 次印刷
定　　价：	39.80 元

版权所有，未经书面许可，不得转载、复制、翻印，违者必究。

不要受困于自己的失败,其实你离成功只差 0.01 秒

　　这是一个追求成功的时代。看到别人开公司挣了钱,很多人都会打心眼里羡慕;看到别人将事情做得无懈可击,有些人就会赞叹不已……为了取得跟别人一样的成绩,我们都在努力。可是成功者只是一小部分,而失败者则是不计其数。

　　为何别人不管做什么事都能做好,而自己好像任何事情都做不好?背景、学历、能力、素质、人际……不可否认,这些都是决定一个人成功与否的因素,然而即使是外部条件一样的两个人,也不见得都会成功,原因何在?因为两人之间还差一点点。而这一点点,就决定了每个人完全不同的命运和结局。

　　某城市举办了一场重要的马拉松比赛,参赛选手需要翻过几座小山丘,才能抵达终点。

　　比赛正式开始,选手们在观众的欢呼声中冲出起点。一个年轻人一直都跑在第一位,其他选手被他远远甩在后面。观众们都将目光锁定在年轻人身上,议论纷纷。似乎就连太阳也受到人们热情的感染,从云端探出头来,刚刚还是阴沉沉的天空,一下艳阳高照。

　　太阳毫不客气地烘烤着大地,汗水顺着选手们的脸颊流下来,年轻人也满头大汗。他知道自己不能放慢速度,否则后面的人很快就能超过他。他不断地给自己打气:"你可以坚持下去的,很快就会到终点了。"

年轻人不停地跑着，不知道已经翻过了几座山，耳边热浪翻滚，腿仿佛不是自己的。在剧烈的喘息中，年轻人又翻过一座山，可是他依然不知道终点在哪儿。年轻人渐渐放慢了速度，他气喘吁吁地环视周围。看着前面的山丘，他机械地搬运着自己的胳膊和腿，脑袋里想着：什么时候才是个头啊？他慢慢疲惫地闭上了眼睛，从跑动变成了挪动，看来自己和第一无缘了，实在是太累了……

　　就在这时，耳边突然传来了观众们欢呼的声音，前面是一个弯道，排在第二名的选手疲惫地从他身边跑过，并在他没反应过来的那0.01秒钟撞线到达了终点！他迷茫地跪在终点，耳边是观众们为冠军喝彩的声音，可刚刚前面不是一个弯道么？难道终点就在弯道的后面？难道自己刚才只要再用尽最后一丝力气，就能拿到冠军了？……这一刻他想了很多，但是结局已定，他此刻想得再多也无济于事了。

　　有时候，成功离我们真的很近。行百里者半九十，成功就像是一场马拉松，胜负只在转瞬之间，终点其实就在我们眼前。在努力向前奔跑时，一定不要纠结于梦想本身，我们并不是因梦想远大才耀眼，更不会因梦想简单就平凡。此时我们要做到的就是脚踏实地完成自己喜欢做的事。只要努力做到最后，只要坚持到最后一秒，老天一定不会辜负你。

　　一个人能否取得成功，并不在于是否有多么远大的梦想，而要看你有没有足够努力，看有没有坚持到最后。梦想，不管是卑微，还是远大，都是镜花水月，本质上毫无差别。只有努力坚持下来，才能把虚幻变成真实。

　　对于成功，我们要做到的就是坚持、不放弃。只要努力追求，一定会有所成就。永远不要因为别人的目光而放弃自己的梦想，只要一直努力，即使梦想再卑微，你也能成为耀眼的人。因为，你离成功永远只差0.01秒！

不要受困于自己的失败，其实你离成功只差 0.01 秒

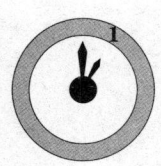
像蜗牛一样——成功有时候拼的就是坚持

03　不抛弃，不放弃，成功贵在坚持

06　做一个在红尘里追梦的人

08　想要学会坚持，只有两条路

12　只要扛得住，世界就是你的

抓住自己的心——唤醒不够努力的自己

19　习惯等待，厚积薄发

23　想超越平凡的生活，注定要暂时漂泊

26　每一份成功都经历过"拼搏"打磨

30　成功需要承受孤独和寂寞

好好爱自己——你我都有改变命运的力量

37　不要将自己禁锢在习惯的木房子中

41　时时精细成百事，事事精细成一生

45　时间如海绵里的水，挤挤总会有的

48　不要忙着往前赶，回头反省一下自己落下了什么

走出黑暗的雾霾——换种思维经营人生

55　失败，是成长的必由之路

59　突破定式思维，减少认知障碍

63　把握现在，也就找到了人生的原动力

66　专注于自己正在做的事情，更容易产生奇迹

坚信生命的力量——就算被全世界否定也要相信自己

73　只要心在坚持，永远不会一无所有

77　能成为什么样的人，取决于想成为什么样的人

80　坚持自己的主见，真正做自己

84　相信自己，苦中也能品出丝丝甜味

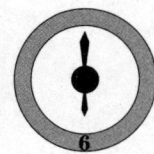

当好人生的导演——改变态度就能改变人生的高度

89　成事在勤,谋事忌惰

92　懂得自律,万不可放纵自己

96　借口,是推卸责任的万能器

99　冷静处事,就不会乱了阵脚

激活生命的光芒——像优秀的人那样思考

105　主动变通才能赢

109　墨守成规,焉能实现超越?

113　有梦想的你,肯定会了不起

117　提出问题比解决问题更重要

不断地积蓄能量——人生要耐得住寂寞

123　耐得住寂寞,认真过好每一天

126　别在急躁中沦为寂寞的俘虏

129　低头忍耐,方能大展宏图

132　根扎得越深,才能长得越壮

心怀满满的希望——有希望,不会绝望

139　只要坚持,梦想总是可以实现的

143　只有勇敢面对,才能快速成长

146　把握最佳时机,也就有了成功的希望

150　心怀希望,生活才会充满阳光

像圣地亚哥一样——没有人能够打败你,除了你自己

157　主动放弃的人,永远无法挺直腰杆

161　用强大的信念去鞭策自己行动

164　有了方向就坚持到底,不因一时挫折而怀疑自己

167　行动起来,才能创造出奇迹

恐惧于挫折?NO!——害怕是因为你懦弱

173　可以输给他人,但不能输给自己

177　没有绝望的事情,只有绝望的人

180　摔倒了,爬起来再继续往前

184　咬咬牙,任何困难都是纸老虎

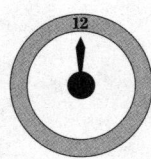

目标即希望——设定个目标，坚定不移地去做

189　伟人心中有志向，凡人心中有愿望

194　坚持目标，才能实现目标

197　成功的人生就是一个卓越的目标体系

200　在有限的时间，争取更多的东西

找到潜能的秘密——激发出潜能也就有了生命的力量

205　问问自己，你到底想要什么

208　自我施压，将内心的潜能彻底唤醒

212　使用积极暗示，开发自己的潜能

216　不要给自己留太多的退路

无人走过的路——别人没做过的事更需坚持

221　创新，是成功的必然模式

225　英雄都是有胆有识

229　提前准备好，机会来了就能抓到

233　勤奋，勤奋，再勤奋

236　附：我们终会遇见想要的未来

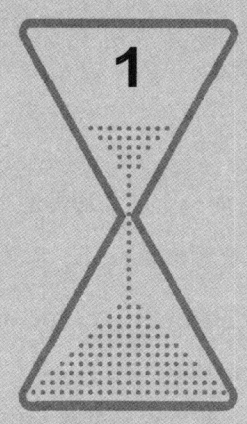

像蜗牛一样
——成功有时候拼的就是坚持

  坚持，是你在遭受挫折时一个可靠的臂膀，它会将你扶出困境；坚持，是能让你在山重水复中，看到柳暗花明。只要你的坚持是正确的，时间到了必然会成功。

  一个人最悲哀的事情，并不是没有奢华的生活，而是没有梦想。无论是什么愿望，只要拥有，就是幸福。只有不断地挑战自我，才能拥有一个不同的人生。

  我们永远不知道坚持到什么时候会成功，你也许停在距离成功仅一步之遥的地方，放弃了前面百分之九十九的努力，那么无论前面付出了多少汗水，你都不可能获得成功。

1 像蜗牛一样——成功有时候拼的就是坚持

不抛弃，不放弃，成功贵在坚持

2006年一部《士兵突击》红透半边天，那时，人们说得最多的就是许三多，王宝强也因此一举成名。这是一部励志电视剧，包含了因踔厉奋发而努力拼搏的精神内涵，展现了军人灵魂中的信念、追求与理想。这部以男性为主的电视剧，虽然最开始的几集有很多搞笑情节，可是越往下看，越突显了面对挫折依然不抛弃、不放弃的精神。

剧中，许三多是个胆小鬼，总是受人欺负，还不敢还手，需要哥哥庇护。当兵之后，由于傻劲十足，许三多被安排在不受重视的荒原五班。可是，靠着自己的不懈努力，他又重新回到了全团最好的连队——"钢七连"。他依然很傻、很天真，依然有很多人看不起他，但他一次次战胜了自己，克服了困难，慢慢地，他能从战友眼中看到他们对自己的钦佩。最终他如愿以偿，进入军人羡慕的特种作战大队"老A"。其中，令我印象深刻的是这样一幕：

许三多被调到全团最差的荒原五班时，没有像其他战友一样放任自己，而是严格按照新兵连的要求来约束自己。他还会主动帮战友整理内务，在无人监督的情况下，每天坚持越野跑和站军姿；他以班长的话为目标，一刻不停地修"路"。

室友笑话他为"许木木"，不仅不帮助他，还想尽一切办法阻挠他。但后来，战友们为他的热情和精神所感动，一起帮他完成了那条"路"。而这条路也成为许三多回归"钢七连"的转折点。

试想，如果在战友阻挠时许三多放弃了，这条路也就没有了，更不会有进入"钢七连"和"老A"的机会。许三多身上有着常人没有的韧劲，正是因此，他才赢得了战友们的崇拜和尊敬。

"不抛弃、不放弃"告诉我们：生命无法被准确计算，在人生的开始谁也无法知道未来的输赢，必须坚持到底、永不放弃。

很早以前，有人在一篇文章中提到："能登上金字塔顶的只有两种动物：一种是老鹰，一种是蜗牛。"我国古代著名思想家荀子在《劝学》中也曾说过："骐骥一跃，不能十步；驽马十驾，功在不舍。锲而舍之，朽木不折；锲而不舍，金石可镂。"可见，成功永远都没有一蹴而就的秘诀，坚持不懈才是筑成成功的基石。

新生开学，老师说："今天，我要教大家做一件很容易的事。请大家都将胳膊往前甩，然后再用力往后甩，每天做300下。"一个月之后，90%的人坚持了下来；又过了一个月，70%的人坚持了下来。又过了一个月，老师问："还有谁在坚持这样做？"这时，在整个班级中，只有一个人举起了手，而这名学生正是后来成为世界著名哲学家的柏拉图。

世界上最容易的是坚持，最难的也是坚持。说它容易，是因为只要愿意，任何人都可以做到；说它难，是因为能够真正坚持下来的人很少。做任何事情如果不坚持、半途而废，就永远都没有成功的可能。

作为刚刚步入职场的新人，你仅仅迈开了人生的第一步，因此更应当拥有坚持不懈的精神，努力做好每件事……

俞敏洪这个名字可以说家喻户晓，可是，有谁知道，他参加了三次高考才考上了北大；大学期间，他不幸得了肺结核，经过一年多的治疗才捡回一条命；他想去美国留学，可是被大使馆拒签了三次；后来，他创办新东方，经过13年风雨历程，才使新东方从一个默默无闻的小培训机构变成美国纳斯达克的上市公司。

1 像蜗牛一样——成功有时候拼的就是坚持

俞敏洪用自己的不懈努力和对人生、对理想的独特诠释，从"草根"变成了一代神话。说到自己的成功以及之前的经历，俞敏洪这样说："当一个人在绝境中为了生存而奋斗时，不管做什么，都不会有心理障碍。"

对于成功人士而言，坚持是不可或缺的因素。没有感受过鲜血淋漓依然要拨弦的坚持，怎么可能弹奏出天籁之音？不曾有过地狱般的磨炼，如何拥有创造天堂的力量？不脚踏实地地踩平眼前坎坷的道路，怎么取得辉煌的成绩？

在历史的主旋律中，"坚持"其实占有重要的席位。无论世界怎么改变，坚持都是通向成功亘古不变的定律。在奋斗的路上，每个人都会遇到各种问题和困境，只要把坚持当作自己的行为底线，即使你是一只小小的蜗牛，也一定会达到成功的顶点。

坚持，是对个人意志的磨炼，也是能让你积蓄力量的方式。当你的能力达到了某一临界点，咬牙挺过成长的阵痛后，就能让自己进入更高的领域，最终登上金字塔的顶端，欣赏别人看不到的风景。

做一个在红尘里追梦的人

2015年,北京获得了第24届冬奥会举办权、我国自主研制的C919大型客机总装下线、中国超级计算机破世界纪录实现"六连冠"、我国科学家研制的暗物质探测卫星发射升空、屠呦呦成为我国首位获得诺贝尔奖的科学家……

有了梦想,人生才会拥有坚持向前的动力;为实现梦想而努力,才能体味到成功的喜悦。每个人都是追梦人,在实现梦想的路上,最重要的就是要不断努力,并持之以恒。

在一次画展的研讨会上,许多艺术家对展出的画作给出了很高的评价。画展结束后,作画人泣不成声。熟悉他的人都知道,为了画画,他坚持了几十年,也为此放弃了许多。

很多事情,在别人看来再简单不过,可即使是简单的事,也只有极少数人能真正做好。无数生活实例验证了:没有人能随随便便成功,只有竭尽全力去追梦、用汗水滋养成功之花的人,才能最终绽放出自己的美丽。

小姜今年马上就要大学毕业了,大好年华,正是要开始向着自己的人生目标努力奋斗的时候,他却出了车祸,四肢骨折。伤势好转后,他的手指不再灵巧,可他却萌生了学画画的念头,还总是乐此不疲地去画室学习。开始时,伙伴都说他附庸风雅。后来,大家才发现他确实变了很多,比如现在聚会的时候他也会和人谈笑风生了。

好奇之余，大家问他，怎么会这样快乐？小姜说，每个周末，他都去老师那里学画，认识了一些朋友，虽然学画画并不轻松，但是生活充实了许多；最重要的是，画画让他觉得生活重新有了希望，让他有了盼头。

马云曾说："人可以十天不喝水，七八天不吃饭，两分钟不呼吸，但不能失去梦想一分钟。没有梦想比贫穷更可怕，因为这代表着对未来没有希望。一个人最可怕的是不知道自己该干什么，有梦想就不在乎别人骂，知道自己要什么，最后才会坚持下来。"

"念念不忘必有回响"，越渴望实现你的梦想，越可以向自己的内心索要力量。这种力量是取之不尽的，只要坚持去做，你就不是一个平庸的人。

美国著名的动画大师华特·迪士尼拥有一个梦想，就是打造出"地球上最快乐的地方"。为了实现这个梦想，他努力创业，四处融资，却被拒绝过三百多次。被拒绝的原因，都是别人觉得他的想法太奇怪。但迪士尼是一个很有远见的人，更重要的是，他拥有实现梦想的顽强毅力。如今，每年都会有不计其数的游客到迪士尼。

很多人都说：梦想很丰满，现实很骨感。这句话乍看之下还挺搞笑的，但里面埋藏的其实是现代人深深的无奈。你可以拥有一个"高大上"的理想，但现实会不停地泼你冷水，如此就要放弃吗？当然不能。

给梦想一点时间，给自己一个坚持下去的机会，做一个在滚滚红尘中追逐梦想的人，这样我们就不会因为半途而废导致壮志未成而悔恨，不会因为距离成功只差临门一脚而痛惜。在实现梦想的道路上，只要向后退缩，就会一事无成；坚持前进，就有梦想成真的机会。所以说，成功者与失败者之间，有时候只不过差了一个 0.01 秒的坚持。

想要学会坚持，只有两条路

有人说："成功路上并不拥挤，因为能坚持下来的人不多。"任何事情，只要方向正确，坚持下来，都能达成。最可惜的是，拥有一个好愿望，却没有坚持。当然，要想学会坚持，就要告诉自己：第一，坚持不懈，永不放弃；第二，坚持不住时，再坚持一下。

所有的放弃，都会迎来100%的失败。只有坚持后才能明白，在这路上还有很多需要自己做的事情，还有不少需要学习的东西。任何成功之路，在一开始都会有很多人与你同行，慢慢地留在身边的人会越来越少，如果能够坚持到最后的只有你，那你就成功了。

一个女游泳选手，发誓要成为世界上第一个以游泳的方式横渡英吉利海峡的人。为了实现这个目标，她拿出了自己所有的精力，不断练习，每一天都在为这历史性的一刻做准备。

这一天终于来临，女选手昂首阔步、自信地跃进大海，朝对岸的方向游去。众多摄像头纷纷对准了她。

刚开始，天气还不错，女选手愉快地向着目标挺进。可是，当她逐渐接近英国海岸时，海上突然起了浓雾，并且雾越来越大，能见度可能还不到1公里。

1 像蜗牛一样——成功有时候拼的就是坚持

茫茫大海中,长时间的机械运动让她完全没有了距离感,她不知道自己还需要多久才能游到对岸。筋疲力尽的她一想到还有很长的距离,不免沮丧起来,甚至决定放弃。

被救生艇救起时,她突然发现,距离海岸只剩下了几公里而已。

任何事情做到一半就选择放弃,那你只能跟成功说再见了。事后无论怎么抱怨,也改变不了失败的定局。如果每个人都像故事中的游泳选手一样,在距离成功一步之遥的地方,放弃了前面百分之九十九的努力,那无论前面付出了多少汗水,后悔的都只能是你自己。

如今,"跳槽"已经逐渐成为职场常态。有时重新选择并不意味着重新出发,而意味着放弃了眼前的问题,去看前天的问题能否顺利解决。

任何一家公司都有自己的个性,即使有相似之处,也会不断地出现新的问题和矛盾,唯一不变的就是:它们都需要我们认真面对和解决。放弃总比坚持容易得多!如果确实想放弃,可以轻易地找到不止一百个理由来原谅自己。可是,只有坚持下去,在成功时才能获得守得云开见月明的成就感。

人生长路漫漫、遥遥无期,实则如白驹过隙,短暂而匆匆。在沙漠中努力前行的人,总想找到生命的绿洲。可是,绿洲就像虚无缥缈的海市蜃楼,你咫尺,它消逝。但这样你就要放弃吗?为什么不深究一下它消逝的原因呢?我记得在一本书上,看到过几段关于小提琴家梅纽因的传奇故事:

梅纽因是世界著名的小提琴演奏家、指挥家和作曲家。他对音乐充满了热情,他的音符响彻国际乐坛,他的演出更让世人陶醉。殊不知,梅纽因的求学经历也是一段传奇。

1926年,10岁的梅纽因跟着父母来到巴黎,拜见了名师艾涅斯库。梅纽因想跟艾涅斯库学琴,然而大师从来不开私人课堂。可是,倔强的梅纽因却说:"我一定要跟您学琴,您听听我拉琴吧。"

"好像不行。我正要出远门，明天清晨6点30分出发。"大师无奈道。

"我早来一会儿，您收拾东西时我拉给您听，行不行？"

梅纽因的天真烂漫、意志坚决，这令艾涅斯库对他产生了好感："明天5点30分到克里希街26号，我在那里等你。"

第二天早上5点30分，梅纽因准时到达26号。6点钟，艾涅斯库听完了梅纽因的演奏，满意地走出房间，向等候在门外的孩子父亲说："这个孩子很好，不用付学费。他给我带来的欢乐，完全抵得过我给他的好处。"于是，艾涅斯库顺利成了梅纽因的家庭教师，陪伴了梅纽因几十年，梅纽因也不负众望，成了世界知名的小提琴大师。

1952年梅纽因到日本演出，有个擦鞋童为了听他的音乐会，到处借贷凑钱买了一张最便宜的票。听说这件事后，梅纽因想起了自己早年拜师时的经历，很感动。谢幕后，在主持人的引领下，梅纽因穿过贵宾席来到普通席位，找到了那位擦鞋童。

梅纽因温和地问他："我能为你提供什么帮助？"孩子虽然衣衫褴褛，但眼神灵动，回答说："我什么都不需要，只想听听您的琴声。"

梅纽因让助手将刚才演奏使用的小提琴拿过来，当着观众和媒体的面，将心爱的小提琴赠送给了擦鞋童。他说："我相信，若干年以后，日本定然会诞生一位了不起的小提琴家！"

30年后，梅纽因再一次访日演出，想起了那个男孩儿。经过日本方面的帮助，终于在一家贫民救济院找到了当年的擦鞋童。梅纽因这时候才知道，30年来这位擦鞋童虽然生活坎坷，却多次断然拒绝了想高价购琴的人。这些年来，他一直都使用大师的小提琴练习。

听了擦鞋童演奏的曲子，梅纽因发现，他的小提琴演奏已经有了很高的造诣："这次，你想让我为你提供什么帮助？"

擦鞋童的要求依然跟上次一样："我什么都不需要，只想听听您的琴声。"梅纽因没说话，默默地接过那把阔别30年的小提琴，在救济院的院子里，演奏起

1 像蜗牛一样——成功有时候拼的就是坚持

当年访问日本时的那支曲子。所有在场的人都被大师如泣如诉的演奏和擦鞋童专注倾听的神情感动。

10年后,也就是1992年,在一个日本音乐界组织的访华艺术团里,出现了一位日本家喻户晓的小提琴演奏艺术家。他演奏的曲目,就是当年梅纽因在日本演奏的曲目,这个人就是梅纽因当年遇到的那个擦鞋童。

一段30年的坚守,成就了一位家喻户晓的小提琴家。在一生中,每个人都会遇到很多困难,只要坚持一会儿,咬紧牙关,胜利就一定属于你。

纵有千古,横有八方,前途似海,来日方长。从今天开始,学会坚持,定然能够攀登到你以前想也不敢想的高度,看到更高处的风景。

只要扛得住，世界就是你的

《扛得住，世界就是你的》是小川叔的新书，书中一共讲述了36个人生故事，并阐述了很多道理，其中一个就是：所有事情到最后都是好的，之所以现在感觉不好，是因为还没到最后。在结局到来之前，只有耐住性子、守稳初心，才能看到转角的阳光。

梁晓声在一所大学演讲时，有个大一新生对他说："到了35岁，如果我还无法让自己脱离平凡，我就自杀。"多么天真的话啊！我相信，只要再过几年、在社会上待几年，他就不会这么想了。可是在那一刻，他却喊出了很多人对平凡人生不敢说出来的话，实在令人深思。

人们总是不甘于平凡，总希望自己的人生能够保持向上的姿态。其实，这也是生命的一种内在动力，可是如果一个人被名声所累，就会陷入功利的泥淖中，将平凡的人生看作底端的东西，觉得那样的人生配不上自己。

几年前有个朋友总是跟我抱怨，觉得自己哪儿都比不上别人，哪儿都不顺心，总有人给他委屈受。开始时，我还会仔细地劝慰一番，但是几次之后，他自己都觉得没什么意思了。我们都是凡人，只有坚持不懈地努力，才能不停地提高自己。遇到问题，要想办法解决，而不是一味地逃避和胡思乱想，这是完全无益于事情解决的。

在这个时代，很多人都是平凡的，没有优越的家境，除了努力，没有任何出路。我们只拥有平凡人所拥有的一个小梦想，有时觉得自己很卑微，可是有时我们也会豪情万丈。只要努力了，我们就能让这个时代变得更加精彩。

1 像蜗牛一样——成功有时候拼的就是坚持

2001年,随着啼哭声,女孩儿在著名的剑桥大学校园出生了。父亲将她看作掌上明珠,宠爱有加。可是世事难料,两岁时女孩儿竟然得了一种恶性肿瘤——神经胶质瘤。经过18个月的痛苦化疗,女孩儿总算保住了性命,但她的视神经遭到了严重损害。

在父母的精心照顾下,女孩儿很快成长起来。她很喜欢学习,将学习当作一种游戏。4岁时,父母为女孩儿请了一位盲文老师。每次学习,她都要将老师讲解的内容用录音机录下来,然后一字一句地用小针扎出凹凸不平的盲文笔记,接着再用手一遍又一遍地摸索练习。

到了入学的年龄,父母将她送进了当地最好的学校。一星期后,父母去看女孩儿,天性敏感的她却拉着父母的衣角,哭着要回家。因为班上有个调皮的小男孩嘲笑她:"你虽然很聪明,但你看不见,永远都无法看到这个精彩的世界。"

父母听了孩子的讲述,心里一痛,待她情绪稳定后,决定将真相告诉她。他们将女孩儿带到校园一角,认真地说:"你确实跟其他孩子不同,我们也曾经替你感到惋惜。可是,宝贝,至少你已经跨越了鬼门关,因此你的生命比那些健康孩子要可贵多了,你的人生也最有意义,怎么会不精彩?"

女孩儿似懂非懂地点点头说:"我要挑战的不是别人而是自己,战胜了自己,就不怕别人嘲笑了。"看着懂事的孩子,父母都感到很欣慰。

从那以后,女孩儿更加努力地学习。仅用了两年时间,她就能用盲文流利地阅读和写作了。6岁时,女孩儿告诉妈妈,自己想学一门外语。为了鼓励女儿,妈妈建议她学汉语,因为她知道汉语很难学,只要女儿无法坚持下去,就会主动放弃学外语这件事情了。

在学习的过程中,女孩儿确实感受到了学汉语的困难。要想学好汉语,不仅要会写汉字,还要掌握四个声调,声调变了,意思就完全不同。可是,这些都没有减弱她学习汉语的热情。她将汉语看成某个游戏的"升级版",每天都戴着耳机听汉语录音,一听就是几个小时。课间休息,女孩儿还会邀请老师面对面交谈。

一段时间之后,她的汉语成绩比其他同学都要优秀。另外,凭着这种不服输的劲头,女孩儿还掌握了法语、西班牙语等几国语言。

成功就是,在最困难时挑战自己,顶住外来压力,成就自己。只要具备了这种信念并付诸实践,生命之路定会更加美丽绚烂;只要将平凡的事做好,就是不平凡。

李美打算推销墓地,可是家人一致反对,因为卖墓地是一份不太体面也不太吉利的工作,很晦气,也会让人看不起。但是,李美不管这些。她觉得,既然人们很看重活着时的暂时住所,那么也定然重视百年后的永恒之家。

李美说服了家人,毅然步入墓地买卖行业。她满怀激情地开始工作,可是却遭到了众人的训斥:"离我远点,否则,我就叫人踹死你!"后来,李美又跑到干休所里推销,希望老人提前为自己选择一块人生的"后花园"。可是,她话还没说完,就被几个老人用扫帚狠狠地打了出来。

李美决定改变方法,每天早上她都会骑着一辆自行车从家里出发,然后走遍当地的公园和健身广场,硬着头皮向晨练的老人推销。晚上则守在人家门口,一直等他们回家吃过晚饭后,再敲门,说明目的……不到一年,她竟然骑烂了4辆自行车!

为了说服老人,李美还会主动掏腰包,带一些老人外出游玩。在这个过程中,李美不谈生意,只谈感情,为他们提供最好的照顾,慢慢地赢得老人们的好感和信任。而她也终于迎来了第一笔订单……

如今,李美已经是身价千万的老总了。

当所有的人都倒下了,即使你跪着,也是胜利者。无论拥有怎样的起点,最好的选择就是努力。有这样一句格言:"如果这个世界上真有奇迹,那只是努力的另一个名字。"你选择做什么样的人,生活就会将你带到什么路上。在这个世界上,没有做不好的人,却有做不好的事。

1 像蜗牛一样——成功有时候拼的就是坚持

人生之路太漫长，成长需要一步一个脚印，大家能教给你的只有方法，而要想取得成功只能依靠你自己的努力。不管成功或失败，一个人的尊严和价值，都不能随便被别人用固定的标准来定义。

不管你走得多远，你的人生就在那里。只要你扛得住，世界的舞台就在等你。

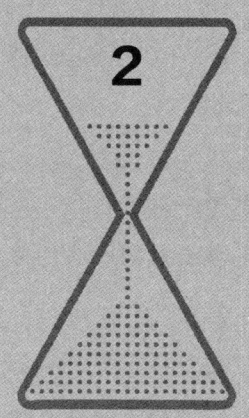

抓住自己的心
——唤醒不够努力的自己

不要一看到人家一夜成名，就觉得自己运气不好。你不知道他为一夜成名吃了多少苦，等待了多长时间。我们都是生命的过客，等待才是常态。

在每个人的生命历程中，都会有一段不被人理解、不被人关注的时光。那些默默无闻的日子，都是你不停地积累、沉淀的时间，都是在为最后的闪耀积蓄能量。

一个人成熟的标志，就是能够耐得住孤独和寂寞；要想取得事业的成功，就要经历一段没人支持、没人帮助的黑暗岁月。而这段时间，正是自我沉淀的关键阶段，就像黎明前的黑暗，一旦黑暗过去，就是光明。

2 抓住自己的心——唤醒不够努力的自己

习惯等待，厚积薄发

菜粉蝶从虫卵变成蝴蝶的过程大约需要35天，苹果从开花到果实成熟需要150天左右。每一种成长都需要遵循大自然的规律，人也一样。等待自己长大，等待自己长出坚硬的翅膀，等待自己被父母、老师、领导认可，被社会接受……等待一切梦想变成现实。

如果你已经做出了一番业绩，这说明你是一个有能力的人。领导不会看不到你的努力，但对你的提拔也需要看你积累的成绩。这就需要你一边工作一边等待，等到你的努力积累到一定程度，等到你的努力发生了质变，机会一定会到来。

有个农夫打算与情人约会，但他性急，来得太早，又没耐心等待，只好躺在大树下唉声叹气。忽然，一个侏儒出现在他的面前："我知道你为什么这么不高兴，拿着这枚纽扣，遇到不想等待的事情，只要将这纽扣向右转，就能跳过时间。"

农夫很高兴，便握着纽扣，试着转了一下。果然，情人立刻出现在他眼前。农夫想到：要是现在能举行婚礼，那就更棒了。于是农夫又转了一下，他便到了婚礼现场，跟情人并肩坐在一起，周围管乐齐鸣，宾客们笑语盈盈。

农夫抬起头，盯着妻子的眸子，又想：现在，只有我俩该多好。他悄悄转了一下纽扣，夜阑人静……随后，一个个愿望出现在他的脑海中：我们应有座房子，他转动着纽扣，房子立刻在他眼前盖了起来，宽敞明亮，格局时尚；还要有几个孩子，他又迫不及待地使劲转了一下纽扣，日月如梭，儿女成群；农夫站在窗前，眺望着远处的葡萄园，真遗憾，葡萄还没熟，他又转纽扣……

时间飞快，还没来得及思考，他已经满头银丝，成了卧在床上的病人。回首往日，农夫后悔自己太过心急，以致此时已是行将就木。这一刻，他才幡然醒悟：即使等待，生活也有意义。他想将时间往回转一点，便握着纽扣，战栗地试着向左一转。扣子猛地一动，他从梦中醒来。睁开眼一看，自己依然在树下等着可爱的情人。而现在，他已学会了等待。

等待，有着重要的意义。一方面，它可以让我们积蓄力量；另一方面，只有经过努力和历尽艰辛实现的愿望，才更令人满足。

成功就要等一等。就像买彩票一样，一次选出正确的数字，简直是天方夜谭。机会是不定时出现的，不受我们操控；但只要耐心等待、蓄足能量，那么当机会出现时，我们完全就可以牢牢地抓住它。

朋友小张大学毕业后，就职于一家广告公司。本科出身的他，非常喜欢自己的这份工作，他认真工作、团结同事，做了很多让客户满意的广告方案。

小张期待着在最短的时间里得到经理的认同，并希望领导能够重用自己。可是，经理却从来没有重用他，甚至都不正眼瞧他。他觉得，经理要么是个不识人才的"睁眼瞎"，要么就是对他有偏见。

一天，小张敲响了经理办公室的门，向他说出了自己的心声。可是，经理却毫无反应。从此，小张工作的积极性大减，开始消极怠工，也没有了最开始的冲劲儿，更是频频出错。

当我见到他时，他正在为自己的工作发愁，甚至还想重新找一份工作："遇到这种领导，你说我该怎么办？"小张长叹一口气，像只泄气的皮球："我实在不想在这家公司待了，帮我介绍份新工作吧。"

我笑了笑说："领导想要提拔一个人并委以重任，不仅要看他当下的表现，还要检查他是否踏实，有没有坚强的毅力和锲而不舍的干劲儿。仅凭几次好的表现，就想让领导提拔你是不现实的，还是再等等吧。"小张不再说话。

"欲速则不达"是我一直推崇的一句话。心浮气躁、好高骛远，即使综合素质不错，也无法成就一番事业。相信自己的选择和能力，是对自己的尊重；而执着地等待着成功的到来，也是对成功的信任。

成功从来都不是一蹴而就的，成功之前要学会等待。只有认清楚事情的发展规律，顺势而为，才会更容易成功；做事没有一点耐性，只会适得其反。

那天，离开小张家，我没有直接回家，而是来到了街心公园。他的事情，还需要他自己消化，别人只能启发，但不能帮他做决定。结果如何，全都依赖于他自己。

公园里，几个小孩子在学轮滑。其中有两个明显是刚学，站都站不稳。一个20岁出头的小伙子在他们身边做指导，显然是教练。小伙子示范着动作，让孩子们学着练习。可是，其中一个孩子总是跌倒；而另一个，却只跌倒了几次，然后就可以慢慢滑动了。

我坐在不远处的长椅上饶有兴味地看着这几个孩子。结果发现，总是摔跤的小孩，有些心急，只要一站起来，还没等站稳，就立刻动脚滑动；而另一个孩子，则每次都是等站稳之后，才开始慢慢滑……

站稳之后再滑，很快就能适应轮滑的技巧，这就是等待的力量；否则只能是频繁摔跤，而且对轮滑的技巧也毫无益处。

在体育界里，运动员的成长、出名，必然是从替补开始的。只有经过艰苦的训练，拥有扎实的基本功，才能一鸣惊人。只会埋怨教练不给自己机会，甚至耍性子不好好训练的人，即使有一天上了赛场，也不会有好的表现。

在人生的舞台上，我们总会遇到各种机遇和挑战，除了当机立断、积极应对之外，还需要沉着冷静、学会等待。等待，能够让你变得更加成熟。在等待的过程中，你有更多的时间去好好考虑问题，发现自己的错误和不足；更好地审时度势，做出正确的判断。

等待的过程，就是在韬光养晦。要想把握有利时机，就要耐得住诱惑和寂寞，扛得住压力和嘲讽。静静地等待，默默地坚持，一切终将水到渠成。

2 抓住自己的心——唤醒不够努力的自己

想超越平凡的生活，注定要暂时漂泊

我很喜欢听老歌，因为歌词能振奋人心，例如田震的《执着》中"我想超越这平凡的生活，注定现在暂时漂泊"这句歌词，不知道警醒了多少人。漂泊是一种生活状态，虽然充满了艰辛，却也乐在其中，而且将来一定会成为美好的记忆。

你选择了什么、付出多少，就会获得什么、拥有多少。如果想做个工程师，就要致力于研究技术；若要做一名大学老师，就要先考硕士研究生、博士研究生；如果想成为一名金融家，就要去读金融相关科系……无论选择什么路，都要做好付出全部的准备。

如果让你离开熟悉的环境，离开生养你的土地，让你去陌生的地方漂泊，你很可能会感到不适应。也许会强装笑颜，也可能贫病交加，但所有的努力，都是为了超越平凡的生活。

现在，很多青年人都很关注齐白石，并把他作为一个成功典范来效仿。齐白石从社会地位极低的民间手艺人成长为一代艺术大师，实现了人生的飞跃。但很少有人知道，他却是史上最牛的北漂，也是一个通过自身勤奋努力最终获得成功的典型。

木匠生涯是齐白石人生的第一个重要阶段，直到27岁他都在做木匠，但这为他后来的艺术创作奠定了坚实的基础。

27岁时，齐白石遇到了他艺术生涯的第一位恩师——胡沁园，从此走上了职业艺术家的道路。37岁时，齐白石遇到了他生命中的又一个贵人——王湘绮。王湘绮很欣赏齐白石的篆刻绘画，将他收入门下。此后，齐白石结交的人物层次更高，他的眼界、心胸更加开阔。

40岁之后，齐白石花费8年时间五出五归，走遍大半个中国。之后，他又用了8年时间幽居故乡，博览群书。

在齐白石将近50岁时，湖南成了军阀混战的战场，而当时齐家较为富有，因此不幸成了土匪的目标，无奈之下他只能到北京避难。避难期间，他将自己的画挂在琉璃厂售卖，但却无人问津。

为了养活家人，他听从陈师曾的建议，打破多年形成的习惯，从头开始。几年后，齐白石开创了红花墨叶派。新中国成立后，国家授予他"人民艺术家"的称号。

齐白石的道路，是漂泊的道路。但正是在漂泊的过程中，他积蓄了能量，有了后来成功崛起的力量。

漂泊，是改变人生命运的一个上好途径。许多成功人士坦言：凡是成功者，几乎都有漂泊的经历。在外孤身战斗的人，眼界会比一般人高些，气魄会强一些，胸怀会宽一些；有了这种优势，距离成功也会近一些。

小李是个仪表不俗的人，而且很有音乐天赋，从小就梦想成为一名男高音歌唱家。当时，小李在他们的那座小城市中已经有了不小的名气，但有一个慧眼识才的老师却告诉他：他的嗓音条件会限制他在音乐上的发展。

于是，小李来到了北京寻求发展。经过几位名师的指点，并现场看过名家演唱之后，小李终于面对现实。从此，他开始发奋作词谱曲。一年之后，他的成就已经高出了歌唱很多。

小李知道，如果自己没有到北京拜师深造，就可能在家乡"夜郎自大"一辈子。他的嗓音条件并不好，不管怎样学习、怎样努力，最后也只能成为"小城歌手"；而来到北京、调整了目标后，他才逐渐走向了著名词曲作家的行列。

2 抓住自己的心——唤醒不够努力的自己

  安逸永远无法让我们看到生活的真谛，只有在风雨中不停地漂泊、在历练中不断成长，才能实现自己的理想和目标。既然选择了漂泊，自然就要遭受风雨坎坷的羁绊，只要勇敢一些，把每次风雨都当作是人生的一种历练，勇敢地承受一时的打击，前方必然会出现绚烂的彩虹。

  盲人阿炳一生都在漂泊，人世间的不平、冷暖、打击，他都品尝过，因而他最终成了一位著名的民间音乐家；李白踏遍千山万水，游遍大好河山，因而成就了"诗仙"的美名。漂泊是一种智慧，更是一种修行，只有经历风霜，才能真正品尝到个中滋味；只有尝过漂泊的辛酸和冷酷，才能成就精彩的人生。

每一份成功都经历过"拼搏"打磨

生活,除了柴米油盐,还有苦乐酸甜。这种历练其实就是一个人从稚嫩走向成熟的必然经过,不经一番寒彻骨,怎得梅花扑鼻香?没有经过艰苦的磨难,怎么可能创造出生命奇迹?

相信很多人都知道《愚公移山》的故事:

古时候,有个叫愚公的老人。他家门前耸立着两座大山,为了便于出行,愚公决定"搬掉"它们。消息不胫而走,有个人知道这件事后,劝愚公说:"你真傻,都快九十的人了,还想将这两座大山移走,做梦呢?"可是,愚公却说:"我已经做好决定,即使我死了,还有儿子;儿子死了,还有孙子;子子孙孙一代代坚持下去,总有一天会将这两座大山移走。"

世人都觉得愚公是愚不可及,但其实他敢于拼搏的精神才是值得学习的。人生在世总要有所追求,总要有自己的志向。既然是水,就应该成为大浪;既然是土,就要垒成大山;既然想得到事业的成功、想感受到生活的温馨、想得到真正的爱情、想为社会作出一份贡献,就要努力拼搏。

人生的旅途中,唯有以坚实的身躯去拼搏、去奋斗,才可能实现自己的理想。很多人都喜欢吃肯德基,可是有谁想到,其创始人哈兰·山德士也是个命运多舛的人。

2 抓住自己的心——唤醒不够努力的自己

哈兰·山德士出生在美国印第安纳州的一个普通农户家，6岁时父亲不幸去世，留下母亲和他们兄妹三人。为了维持一家人的生计，母亲早出晚归，四处揽活，基本上没有时间照顾他们。作为长子，哈兰·山德士很懂事，主动承担起了照顾弟妹的责任。

12岁那年，母亲为了减少生活的重负，带着他们改嫁他人。为了不看继父的脸色，哈兰·山德士决定自立，靠自己的双手去改变命运，让弟妹过上幸福的生活。

小学没毕业，哈兰·山德士就辍学了。他在一家农场找了一份零工，虽然工作很辛苦，但自食其力的感觉还是让他感到异常欣慰。怀着对未来美好的憧憬，他孜孜不倦地努力着，在农场一干就是好几年，他也从一个小孩长成了大人。

为了找到更适合自己的工作，哈兰·山德士放弃了农场工作，做了一名粉刷工；结果，做了几年后，他发现粉刷工也不适合自己；接着，又做了消防员，可依然感到前途渺茫；此后，他又换了几份工作，卖保险、当兵、做治安官……只要是能做的工作，他几乎都尝试了一番。

40岁那年，哈兰·山德士惊讶地发现，自己居然一事无成。他彷徨到了极点，不断地问自己：我到底适合做什么？如何才能取得事业的成功？生活的磨难并没有让他退缩，反而更加坚定了他的决心。短暂的痛苦后，他又开始继续寻找属于自己的那片天空。

不久之后，哈兰·山德士在肯塔基州开了一家加油站。每天客人都很多，生意也不错，这让他再一次看到了希望。在开加油站的日子里，他经常看到一些因长途跋涉而饥肠辘辘的司机，于是就邀请他们一起吃饭。司机都很喜欢他做的美食，尤其是他做的炸鸡。这时，他突然有了一种想法：为何不准备一些方便食品，来满足司机的需求？

很快，哈兰·山德士就在自己的加油站旁卖起了炸鸡。开始的时候，人们只会在来这里加油时买上一两只，之后便介绍亲戚朋友来买。没过多久，炸鸡就火遍了整个肯塔基州，炸鸡店的收入也超过了加油站。

随着顾客的剧增，加油站的地盘也容纳不下那么多人了，哈兰·山德士只好在马路对面买了一块地，修建了一个可容纳150多人的快餐店，主要卖炸鸡。可是，事情进展并不顺利：先是政府修路拆了他的快餐店；接着，为了生活，他不得不将炸鸡专利卖给别人；随后又因商标侵权，与人打了一场官司。直到88岁，他才真正拥有了自己的事业。

如今，哈兰·山德士的炸鸡风靡全球，在世界上拥有15000多家连锁店。

上帝的延迟并非拒绝，只要认定目标，勇敢地走下去，一定会取得成功。不论何时，即使付出了很多而收获甚少，即使孤独寂寞、被怀疑、被否定，即使对未来十分迷茫、对眼前十分怀疑，心中也依然要拥有自己的梦想。

每个人在生命历程中都会经历一段不被人理解、不被人关注的时光，在那些日子里往往会觉得成功距离自己很遥远，会忍不住怀疑自己、否定自己。可是，最后都会明白：那段时光是人生必不可少的。默默无声的日子，也是一种拼搏，是在不停地积累沉淀，是在为最后的闪耀积蓄能量。

成功之前，历经最多的是失败。跌倒了并不可怕，爬起来接着走。即使经过努力而没有实现自己的理想也无妨，因为已经努力拼搏过，已经为理想奋斗过，心就无悔。相反，害怕失败不敢拼搏的人，也许一生都不会遭遇大风大浪，但他们只能庸庸碌碌，无法体会到奋斗的快乐，更无法感受到生命存在的意义。

有个女孩到法国求职，可是很长一段时间过后，女孩仍然没有找到理想的工作。又过了一个月，一家在医药领域做得很好的咨询公司录取了她。

有些人说，女孩之所以被录用，是因为她人品不错；有些人说，是她运气好；有些人甚至还有些嫉妒。其实，只有女孩自己明白她究竟付出了多少。为了获得这份工作，女孩在面试前阅读了大量的行业资料；为了了解该公司，她向同公司的校友咨询，跟内部人员友好交流，甚至还找来了该公司近10年的年报和相关新闻。

面试的时候，女孩对法国医疗行业的了解程度让那些资深HR都为之惊叹。就是那段拼搏的时光，成就了现在闪闪发光的她。

2 抓住自己的心——唤醒不够努力的自己

为了学业,为了工作,为了爱情,很多人都会离开父母到另外一座完全陌生的城市独自生活。当感到厌倦时,只有那些努力拼搏、坚持到底的人,才能迎来闪光的自己,才能看到生命的奇迹。生活有自己的答案,却不会将一切都告诉你。只有当你历尽艰辛和磨难后,才能真正得到经过时间洗练而沉淀下来的真理。

在梦想这条路上,每个人都在努力地往前跑。不管曾经摔倒过多少次,不论自己多么不甘和无助,甚至绝望,也要迈开大步,不断拼搏,因为前方有阳光在等你。

提及华人导演,很多人都知道一个名字——李安。从《饮食男女》《冰风暴》《卧虎藏龙》《断背山》到《少年派的奇幻漂流》,李安涉猎了不同的题材。对于李安的导演才能,大家都是有目共睹,甚至有些人还对他顶礼膜拜。可是,又有谁知道,在闪光的外在背后,却是无尽的努力拼搏。

在沉寂时期,李安很长一段时间都没有找到跟电影有关的工作,只能闲在家里,依靠妻子生活。为了改善家里的状况,李安瞒着妻子,到社区大学报名学习电脑。妻子知道后,对他说:"安,要记得心里的梦想!"

李安心中豁然一闪,那些快要被淹没了的梦想宛如利剑般直刺他的心。妻子离开后,李安拿出电脑培训课程表,慢慢地撕成碎片,丢进了门口的垃圾桶。

在1992年时,李安亲自执导了自己的第一部作品——《推手》。这部作品搬上银幕后,在中国台湾获得了金马奖"最佳导演"等八个奖项提名,并获得"最佳男主角"、"最佳女主角"及"最佳导演"评审团银奖。从此,李安的电影事业蒸蒸日上,成为当今国际影坛声名最盛的华人导演。

李安用自己的经历再一次告诉我们,在生活中遇到挫折时,与其感叹命运不公,不如努力拼搏。不管自己坚持的道路多漫长、多崎岖,都要在内心点燃一盏灯,告诉自己:不要放弃、努力拼搏。只要努力向前,不断拼搏,就可以看到暴风雨后的美丽彩虹。因为,梦想与成功之间,永远只差一个努力拼搏的距离。

成功需要承受孤独和寂寞

每个人都有自己的活法,谁都愿意在自我的价值观体系中求得圆满。但,最高的山巅,往往只能站一个人。所有站在顶峰的人,都是孤独的;而所有最终在顶峰上坚持下来的人,也都在享受这份孤独。可以说,成功需要承受孤独和寂寞。

《史记》是西汉最杰出的史学家司马迁倾其一生的著作,影响深远,但司马迁的写作历程却是心酸感人。

司马迁的父亲司马谈在临死之前,将家族的使命和自己的遗愿都托付给了儿子司马迁,希望司马迁能够继续编写他的论著。

司马迁早些年游历天下山水大川、了解风土人情、搜集古事旧闻,为编写《史记》积累了大量的素材。自公元前104年起,司马迁就着手开始编写《史记》了。然而,公元前98年李陵战败,被匈奴俘虏,汉武帝听闻后很生气;但司马迁却认为李陵是一个忠孝之人,大力为李陵求情。结果,汉武帝更为愤怒,将司马迁打入监狱。当确信李陵投降匈奴后,司马迁也因牵连而遭受了宫刑。

在遭受了身体和精神的重大创伤后,司马迁并没有服输,他忍辱负重,将自己的所有精力都集中在《史记》上。经过漫长的14年后,这部传世巨著终于完成。尽管司马迁最后在郁闷中离开人世,但他和他的著作《史记》却在我国史学史、文学史上都享有极高的声誉和地位。

2 抓住自己的心——唤醒不够努力的自己

长达14年的著书立作,都是司马迁长期孤独一人完成的。如果他忍受不了这种孤独,可能也就没有被誉为"史家之绝唱"的《史记》了。

懂得享受孤独的人,才是真正聪明的人。著名作家周国平曾说:"人最珍贵的东西便是孤独。"为了让自己享受孤独,每个人都会在精神层面给自己预留一片天地。

人生之路,往往举步维艰,只有耐得住寂寞、沉得下心,才能够感受到人生的那份难得,才能在成功之后肆无忌惮地享受那份喜悦。梦想之路,并不那么好走,人在还没有成功时,多半都会经历一段孤独时光。享受不了孤独和寂寞,也就无法实现梦想。

在古人眼中,一箪食一豆羹就能让他们感到幸福无比,手捧一卷书就是苍天的恩赐。如今我们已经不再为温饱、读书而烦忧,想要追求更高的层次,但要取得成功首先就要耐得住孤独和寂寞。成功是时间的积累,无法忍受孤寂,就容易心浮气躁。因此,要想让自己将注意力集中在自己所做的事情上,就要经得起孤独,耐得住寂寞。

按照我国传统观念,男人只要过了30岁,就应该有稳定的事业,可是李安却成了家庭的累赘。为了实现心中的梦想,李安每天都将自己关在家里,阅读大量书籍,看大量影片,埋头写剧本。学习之余,他还买菜、做饭、带孩子,将家收拾干净。为了调节生活,李安偶尔也会帮人家拍拍短影片、看看器材、做点剪辑和剧务之类的杂事……就这样,在拍摄第一部电影前,李安当了6年的"家庭主男"。2001年,李安导演的《卧虎藏龙》获得奥斯卡最佳外语片奖,让全球引发了一股疯狂的中国武侠热。

著名导演李安在成名之前,大约有六年时间都待在家里读书、看影片、写剧本。一个人的空间是孤独的、寂寞的,可是他却忍受住了;经过不停地学习、积累、成长,李安终于成为令世界瞩目的大导演，成为华人的骄傲。如果他当年因不堪寂寞而放弃了自己的追求，也就不会有今天的辉煌成就了。

在生命的旅程中，每个人都不可能摆脱孤独和寂寞。孤独和寂寞的力量是巨大的，既可以让浅薄的人变得浮躁，也可以让睿智的人变得冷静。现代社会物欲横流、诱惑多多，对人的能力提出了前所未有的挑战。因而，如果想要在节奏快、竞争多、生存压力大的社会中安身立命，就一定要耐得住孤独和寂寞。

一个人成熟的标志，就是能够耐得住孤独和寂寞；要想取得事业的成功，也要经历一段没人支持、没人帮助的黑暗岁月。而这段时间，正是自我沉淀的关键阶段，就像黎明前的黑暗，一旦黑暗过去，就是光明。

知名历史学者阎崇年先生从1962年开始研究清朝历史，一直以来从未间断停歇。就是那几十年如一日的摒除诱惑、悉心治学，才让他在2004年初登央视《百家讲坛》就一举成名，迅速从业内知名人物变成了全国知名的公众人物。那时，他已是70岁高龄。

任何成绩的取得，都需要耐得住孤独和寂寞。只有耐得住孤独和寂寞，才能不被外物所惑，做到宠辱不惊；只有抛开私心杂念，不跟风、不盲从，才能拥有正确的人生态度和价值取向，才能专情凝注、心无旁骛地做好自己真正爱好的事情。

千里马，并不是跑得最快的，可耐力却是最好的。可以独处，可以忍受寂寞，但不能沉默。要将低谷当成创造新高峰的起点，不气馁，不消沉，不怨天尤人，不妄自菲薄，不见异思迁，向着已定的目标坚定地走下去。

阿一出生后，就跟父母来到湘西的一个边远小镇。由于家庭条件不好，所以他上大学的费用都是父母从亲戚朋友那里借来的。大学毕业后，跟很多年轻人一样，阿一满腔热血地奔向了深圳。

2 抓住自己的心——唤醒不够努力的自己

阿一打算在这里实现自己的梦想,每天都在思考自己未来的路该如何走。一次偶然的机会,阿一读了一本介绍世界富翁白手起家的传记。于是他倍受鼓舞,决定创业。可是,因为没有资金,没有准确的商品定位,阿一第一次创业失败了,但他没有放弃。

阿一无意中发现,深圳每天都要处理很多生活废品,但回收业务却寥寥无几。每家每户都有废品,但几乎找不到回收人。他决定建一个信息平台,市民只要在网站上填写相关信息,就会有业务员亲自上门回收废品。

开始的时候,为了节省开销,阿一都是亲力亲为。每天都要从城东跑到城北,晚上回到家通常都累得爬不起来。有时一想起这个,阿一都忍不住掉眼泪。可是他告诫自己要扛下来,即使再孤独、再寂寞,也要坚持。后来,越来越多的客户为他的服务点赞,阿一的业务也越做越大。

因为耐住了寂寞,阿一最终取得了成功。对于创业者来说,最大的艰辛不是失败,而是在创业路上忍受那种没人理解的孤独与寂寞。生活中有太多的挫折需要面对,但只要耐得住孤独和寂寞,凭借着坚守之心,终将会取得成功;否则,害怕、退缩、放弃、变向,最后只有一个结果——跟成功失之交臂。

王国维曾经说过,古今之成大事者、大学问者一定要有三个境界:第一境界是"昨夜西风凋碧树,独上高楼,望尽天涯路",第二境界是"衣带渐宽终不悔,为伊消得人憔悴",第三境界是"众里寻他千百度,蓦然回首,那人却在,灯火阑珊处"。因此,要想让自己成为心目中的那个人,就不能消极地等待暴风雨的侵袭,而是要耐得住孤独和寂寞,保持一颗勇往直前的心,努力在暴风雨中向着太阳奔跑,相信距离看见阳光的那一天不会太远。

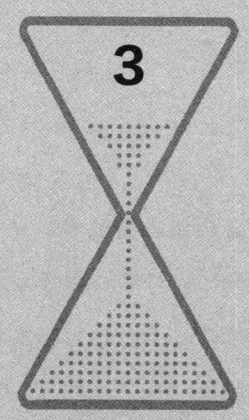

好好爱自己
——你我都有改变命运的力量

习惯，是经过深思熟虑后做出的选择。一段时间之后，即使不用思考，人也会根据既定的习惯而做出相应的行为。除非刻意抵抗某个习惯，或者意识到其他新习惯的存在，否则行为模式都会自然启动。

任何人都有能力去想象和创造，关键是要给自己寻找一个机会。每天让自己静心一个小时，就能排除疲劳，受益匪浅。

反省，可以改变一个人的心态，让人达到一种忘我的境地。当内心一片清澈时，即使受到外界的干扰，我们也能保持纯净与超然；而在这种情况下，得到的经验与智慧则是十分宝贵的。

3 好好爱自己——你我都有改变命运的力量

不要将自己禁锢在习惯的木房子中

现如今，我们分析事物常常参照某一种思维，名曰经验之道。而实际上，一旦对眼前看到的某些事物形成固定看法，就很容易忽视人与人之间的差异。尽管这种固定的思维与习惯有时能够帮助我们用最快的速度做出认知与判断，但更多时候，它限制了人的发展，逐渐成为我们前进道路上的绊脚石。

人们普遍认为：男人长得帅就喜欢拈花惹草，女人喜欢涂浓妆就是卖弄风骚，孩子穿着体面家庭一定不错，老人长得面善就一定不会"碰瓷"……这些观念大多不是人们从别人那里听来的，而是人们自以为是的答案。其实，只要避开成见，用客观冷静的态度来分析，就会得到完全不同的答案。美国康奈尔大学的威克教授曾做过这样一个实验。

他将一只玻璃瓶平放在桌子上，让瓶底朝向窗户有亮光的一方，然后将瓶口敞开，将几只蜜蜂放进去。结果，蜜蜂在瓶内向着亮光飞去，不停地寻找出口，可每次都撞在瓶壁上。经过多次尝试，蜜蜂发现自己永远都无法飞出去，绝望之下，只好认命，最终停在有亮光的瓶底，奄奄一息。

接着，他又将瓶子跟前面一样摆好，放进去几只苍蝇。开始时，没头没脑的苍蝇十分慌乱，在瓶底、瓶壁到处乱闯；可是没过多长时间，它们竟一只不剩地从瓶口飞了出去。

为什么苍蝇能找到出路,而蜜蜂却只会认命?因为在蜜蜂的思维里,玻璃瓶的出口必然会在光线明亮的地方,它们坚持着自己的习惯,重复着这种合乎逻辑的行动,即使面对无法逾越的瓶底也不回头,所以最后只能陷于困境,以失败告终。而苍蝇对事物的逻辑毫不在意,也没有固定习惯,喜欢多方尝试,一旦发现此路不通便立刻改变方向,误打误撞反而增加了出去的几率。苍蝇的头脑很简单,可是头脑简单的往往会在智者消亡的地方获得成功,幸运地获得自由和新生。

习惯,是我们经过深思熟虑后做出的选择。一段时间之后,即使不用思考,人也会根据既定的习惯而做出相应的行为。除非刻意抵抗某个习惯,或者意识到其他新习惯的存在,否则行为模式都会自然启动。尽管每个习惯对人的影响相对来说十分弱小,然而伴随着时间的流逝,这些习惯将可能相互结合,从而对我们造成危害。

一名记账员正在整理书店账目,账目显示有900元的亏空,可是核对了几十遍,也没发现错在哪里。夜深了,记账员还在一遍遍核对,但每笔交易的收入和支出都正确。最终,她感到精疲力尽,脑袋几乎都要被她挠破了,依然没能查出到底错在哪里。

老板催着要账目单,记账员几乎要崩溃了,只好把结果告诉老板。老板翻开账本,两个人从头到尾又核对了一遍,但仍不知道问题出在哪里。

老板叫来当班的营业主管,再次核对了账目,结果没用多长时间,就查清楚了。原来,有笔账目本来是2000元,却被记成了2900元。

记账员想了想,自己不可能犯这样明显的错误啊?她仔细检查了一下账本,发现上面居然粘着一条苍蝇腿,这条小腿正粘在2000元第一个零的右下角,于是2000元就变成了2900元,凭空多出了900元的账目。

记账员和老板开始的时候之所以没有发现问题,是因为他们是按照往常的习惯来寻找问题,却没有想到问题的关键在于一条苍蝇腿。每个人在成长过程中,都会渐渐形成一个个习惯，这些习惯有好有坏。好习惯当然是一笔财富，而坏习惯却会变成我们前进中的障碍。

因此，不管是做大事，还是做小事，都要有清晰的思路和敢于打破常规的气魄，千万不要被自己的习惯蒙蔽了双眼。英国科学家艾蒙斯说过："习惯要不是最好的仆人，便是最坏的主人。"很多看似不起眼的小习惯，有时可能带来大麻烦。

某化学实验室里，一名实验员正向一个大玻璃水槽里注水。水流很急，很快就灌得差不多了。

实验员打算将水龙头关上，可是水龙头出了问题，关不住。再过半分钟，水就会溢出水槽，流到工作台上。一旦水浸到工作台的仪器上，就会立刻引起爆裂；里面的药品正在进行化学反应，一旦遇到空气就会燃烧，仅用几秒钟就能让整个实验室陷入一片火海。

想象着这一可怕情景，实验员感到惊恐万分，因为一旦发生这种情况，任何人都无法从实验室逃出去。实验员一边堵住水嘴，一边绝望地大声叫喊。

周围一片沉寂，死神一步一步地向他们靠近。突然"叭"的一声，一名女实验员拿起手中捣药用的瓷研杵，猛地投进了玻璃水槽，水槽底部被砸开一个大洞，水直泻而下，危险消失。

在后来的表彰大会上，人们问这位女实验员：在千钧一发之际，怎么会想到这样做？女实验员淡淡一笑，说："我们上小学时都学过课文《司马光砸缸》，我只不过是重复地做了一遍。"

女实验员仅用了一个最简单的办法就避免了一场灾难。《司马光砸缸》我们都学过，其实这个"缸"就是我们的习惯，只有打破习惯，才能摆脱束缚，更好地解决问题。

习惯，对人们的思想和行为影响深远，可以说："习惯决定命运，习惯决定人生！"形成已久的习惯，就像是一个大大的木房子，会将全新的思维、开发的思维挡在外面，让我们的思考进入死胡同，结果只能是作茧自缚、裹足不前。

　　习惯一旦形成，通常都会跟随我们一生。好习惯有助于成绩的取得，能够为我们的成功提供助力；而坏习惯则会让我们的思维受限，会成为我们实现目标路上的主要障碍。只有超越对手的想象和预测，打破惯性思维，才能产生出奇制胜的效果。因此，我们需要挣脱习惯的束缚，才能找到更广阔的天空。

3 好好爱自己——你我都有改变命运的力量

时时精细成百事，事事精细成一生

我国古代有这样一个故事：

黄河岸边有一片村庄，为了防止水患，农民们修建了长堤。一天，有个老农偶然发现长堤上突然之间增加了许多蚂蚁窝。老农意识到，蚂蚁窝很可能会影响到长堤的安全。于是，他立刻回村报告，结果路上遇到了自己的儿子。

儿子听后，不以为意地说："咱们的长堤那么坚固，还怕几只小蚂蚁？"之后，就拉着老爹一起下田了。晚上风雨交加，黄河水暴涨。咆哮的河水从蚂蚁窝慢慢渗透到长堤内，继而喷射而出，冲决长堤，淹没了沿岸的大片村庄和田野。

这就是"千里之堤，溃于蚁穴"这句成语的来历。这个故事告诉我们，不重视细节，小的坏处不断积累，就会渐渐造成大麻烦。而当今社会，在任何一个行业、任何一个职位都有满满的竞争者。因此，势均力敌之下，只有关注和做好细节的人，才能成为最后的胜者。

小细节，决定大成败。很多英国人都会唱一首民谣："失了一颗铁钉，丢了一只马蹄铁；丢了一只马蹄铁，折了一匹战马；折了一匹战马，损了一位国王；损了一位国王，输了一场战争；输了一场战争，亡了一个帝国。"其实，民谣中提到的故事就曾在历史上真实地发生过。

1485年,英国国王理查三世准备参与一场重要战争。

战斗开始前,国王让马夫去准备自己最喜爱的战马。马夫立刻找到铁匠,让他尽快给马掌钉上马蹄铁。铁匠先钉了三个马掌,结果钉第四个时发现缺个钉子,他立刻将这个情况报告给了国王。可是,战斗即将开始,国王根本没理会铁匠的话,就匆匆奔赴战场。

战场上,国王骑着战马,带着士兵冲锋陷阵,左突右奔,英勇杀敌。突然,一只马蹄铁脱落了,战马在巨大的冲力之下一个不稳,瞬间仰身跌翻在地,国王也被重重地摔在地上。没等他再次抓住缰绳,惊魂未定的马就跳起来逃走了。看到国王倒下,士兵们惊慌失措,四处乱窜,以致军队在敌军的冲击下顷刻间土崩瓦解、一败涂地,国王也被俘虏。

这时,国王才意识到钉子的重要性。被俘的那一刻,他痛苦地喊道:"钉子,马蹄钉,我的国家就毁在这颗马蹄钉上。"

这场战役就是波斯沃斯战役,而战役的失败,直接导致理查三世失去了整个英国。

对于这种结果,恐怕任何人都不会想到。一枚小小的铁钉,却让理查三世输掉了一场战役,失掉了一个国家。如果当初理查三世知道自己的国家会败在一枚铁钉上,相信无论战况如何紧急,他都会让马夫找到马蹄铁钉并钉好的。

时时精细成百事,事事精细成一生。列夫·托尔斯泰说过:"一个人的价值不是以数量而是以他的深度来衡量的,成功者的共同特点,就是能做小事情,能够抓住生活中的细节。"在当下社会也是如此,无论是企业还是个人,只有将细节做好,才能成为最终的赢家。

年少时期,王永庆聪颖好学,可是因为家中贫困,念不起书,于是他就去做买卖。

3 好好爱自己——你我都有改变命运的力量

16岁时，王永庆在嘉义开了一家米店。当时，小小的嘉义已经有了约30家米店，竞争相当激烈。由于启动资金少，王永庆只能在偏僻的巷子中租了一间小铺面。因为规模比较小，没有什么竞争优势，所以刚开始生意很冷清。后来，王永庆认识到，如果要让自己的米店发展起来，就必须为人们提供一些别家米店没有的服务。仔细思考后，王永庆决定在米的质量和服务水平上想办法。

当时，稻谷收割后，老百姓都要在马路上进行晾晒，因而难免会有些小石子等杂物掺在稻米中。蒸米饭前，人们总要经过一道挑拣去杂的工序，这让很多家庭主妇感到异常苦恼。可是，米店中出售的米都一样，大家早已习以为常。

为了吸引顾客，王永庆不怕麻烦，带着家人把掺在稻米中的杂物一点点剔除，然后再销售，结果大受欢迎。不少顾客纷纷慕名而来，于是王永庆的米店生意越来越红火。

老子曾说："天下大事，必作于细。"可见，细节是成败的关键。王永庆就是因为注意到了这些细节，才让自己在激烈的竞争中脱颖而出。因此，不论做什么事情，只有将细节做好，才会迎来更好的结局。

一滴水可以折射出太阳的光辉，而在最不起眼的细节中，往往蕴藏着完美人生的真谛。可以说，任何一个人的生命线都由很多点组成，而这无数个点，就是我们曾注意到或没注意到的细节。一个做事尽善尽美的人，必然会注重方方面面的细节。

为了抓住更多的机会、成就美好的人生，可以从以下3个方面做起：

1.树立细节观念。习惯成自然，一旦在工作和生活中养成了马马虎虎的习惯，做事就会不尽心、粗枝大叶。因此，每时每刻都要牢固树立"细节决定成败"的观念，并持之以恒地去实践。久而久之，自然就会养成重视细节的好习惯了。

2.不要粗心大意。古人言："大意失荆州。"很多时候，并不是我们做不好，关键要看是否真正用了心。"用心"二字，关键在于"心"。不管在任何时候，只要用心，就能做好每一件事。

3.仔细洞察辨别。在当下这个对精细化要求越来越高的社会中，只有将细节全部做好，才能保障产品的合格。生活的一点一滴也是如此，只有倾注无比的耐心与细心，仔细考虑、仔细洞察、仔细辨别，才能更好地把控每一个细节，从而将事情做得完美。

3 好好爱自己——你我都有改变命运的力量

时间如海绵里的水，挤挤总会有的

同样是做一份工作，为什么会有差别？除了悟性和机遇外，主要原因就是对业余时间的有效利用。在业余时间，有人喜欢追星、游戏、逛街、约饭等，而有人选择健身、学习、工作等。久而久之，彼此之间的差距将会越拉越大，越努力的人就越接近成功。不用感叹时间不够用，因为成功者往往需要挤时间来提升自己，鲁迅先生就是这样的人。

鲁迅12岁在绍兴城读私塾时，父亲正患重病。由于两个弟弟年龄还小，鲁迅不仅要去当铺、跑药店，还得帮助母亲做家务。所以为了不影响学业，他必须做好时间安排。他说："时间，就像海绵里的水，只要你挤，总是有的。"

后来，鲁迅读书涉猎广泛，还喜欢写作和民间艺术。对他来说，时间显得尤为重要。虽然他一生多病，且工作条件和生活环境都不太好，但他每天仍然坚持工作到深夜。

在鲁迅的眼中，时间如同生命。他最讨厌那些"成天东家跑跑，西家坐坐，说长道短"的人，工作时如果有人来找他聊天或闲扯，即使是关系不错的朋友，他也会毫不客气地对对方说："你又来了，就没有别的事好做？"

富兰克林·费尔德曾说过："成功与失败的分水岭可以用这么五个字表达——'我没有时间'。"生命中的每个阶段，都会有跟我们在同一时间出发的人，而对时间的不同利用,就会造就完全不同的人生;即使偏差的角度很小,未来的差距也会越来越大。

用小时间去创造大价值,小阶段的成功更容易实现。在这个生活节奏极度紧凑的时代,我们常常苦恼于很多事情没有时间去做。可是,鲁迅却用自己的故事告诉我们:越忙的人,越可以挤出时间。

杜邦公司是世界上最大的化学公司,总裁格劳福特·格林瓦特每天都会挤出一小时的时间去研究蜂鸟,并用专业的设备给蜂鸟拍照。有些权威人士说,他写的关于蜂鸟的书是自然历史丛书中最为杰出的作品。

有这样一位老人,从78岁开始,每天都会抽出一小时学习音乐。他总是说:"我小时候就养成了这种习惯,每天都要听一小时音乐,于是逐渐具备了欣赏音乐的能力。随着年龄的增长,到了不得不靠静坐度日时,我就用得上它了。"

必须承认,要想挤出一小时的时间确实有点难。但时间就像海绵里的水,只要用心挤,总会有的。美国有个想象力丰富的钟表匠,为了让大家每天都可以多出一个小时的时间,他制造出一种很巧妙的计时器。这种计时器每分钟只有57.6秒,每分钟都可以挤出2.4秒,而一天就会多出60分钟,即一小时。

善于利用时间的人,即使不用这种计时器,每天同样也会多出一小时,从而进一步提升自己。如果你想要追上别人,如果你想与别人平等交流,如果你想更接近成功,那么你就需要为自己的努力多挤出一些时间。

一家化妆公司的负责人,得知儿子在大学成了神学优等生,他很高兴。但是,每次儿子回到家,他跟儿子都没有共同语言。因此,他决定改变这种处境。

他虽然对神学也有一些兴趣,可是从来都没有认真、系统地学习过这门课程。为了和儿子沟通,他每天都会在午饭后挤出一小时,阅读一些关于宗教的书。

3 好好爱自己——你我都有改变命运的力量

　　开始时,同事都觉得他很古怪,觉得他的这种做法很傻。可是没用多久,同事就改变了对他的看法。在研究宗教学的过程中,他还涉猎了人类学、社会学等其他科学领域的内容。随着研究的深入,他掌握的知识越来越丰富。后来,除了能与儿子深刻讨论外,他还经常被邀请到各地演讲。

　　每天挤出一些时间,多做一点工作,或是多读一点书,或是多学习一点技能;久而久之,相信与周围的人相比,你的知识储备或技巧能力提升得不是一点点,而是会惊艳四座。

不要忙着往前赶，回头反省一下自己落下了什么

世界上没有完美的人，人们身上总会有些个性上的不成熟、智慧上的不完备等缺点。不经历足够的社会磨炼，就容易说错话、做错事，甚至得罪人。当你犯错时，只有少数好心人会提醒你，而大多数人都会袖手旁观。只有懂得自我反省，才能一步步迈向成功。

《左传》中有云，"人非圣贤，孰能无过。知错能改，善莫大焉"，但现代人的通病是"长于责人，拙于责己"。因此，只有静下心来反省自己的过错，然后加以改正，才能弥补损失，是谓"亡羊而补牢，未为迟也"。

夏朝时，诸侯有扈氏率兵入侵，夏禹派儿子伯启出去抵抗，结果伯启被打败。部下很不服气，要求再次进攻，但是伯启说："不必了。我的兵比他多、地比他大，却被他打败了，一定是我的德行不如他，带兵方法不如他。从今天起，我一定要努力改正过来。"

从此以后，伯启每天都会早早地起床，不仅粗茶淡饭、体恤民情，而且任用有才干的人、尊敬有品德的人。一年之后，有扈氏知道了这件事，不但不敢再来侵犯，反而自动投降了。

正如《法句经》所言："不好责彼，务自省身。如有知此，永灭无患。"当遇到失败或挫折时，如果能够像伯启一样，不是责备别人，而是反省检讨自己，并及时改正自己的错误,那么我们怎么会不成功。

反省的过程,就是我们对所遵循的标准进行不断反思和提高的过程。只有在日常生活中时常反省,才能发现自我习惯的不足,也才能有针对性地去改正,从而提高自己的能力。

这天,一个年轻人在街角的小店借用电话。他用一条手帕盖住电话筒,说:"是王公馆吗?我是打电话来应征园丁的,我有丰富的工作经验,相信一定可以胜任。"

这时候,电话那边传来了声音:"先生,恐怕你弄错了,我们这里不招园丁。我家主人对现在的园丁很满意,主人说他是一位尽责、热心、勤奋的人。"

年轻人听完,有礼貌地回道:"对不起,可能是我弄错了。"接着,便挂了电话。

店老板听了年轻人的话,便问:"你想找园丁工作吗?我有个亲戚正要请人,你可以去试试。"年轻人说:"多谢你的好意,我就是王公馆的园丁。我刚才打电话,是为了检查自己,确定我的表现是否符合主人的标准。"

反省,就是自我观察、自我认识。在工作中,只有学着接纳别人的建议,不断自我反省和总结,才能使自己不断进步。相反,每每抱怨"我每天都在拼命工作,一刻也没闲过,可都这么努力了,为什么总是不出成绩?"的人,很难看到自己的缺陷。

反省的最大优势就是,改变一个人的心态。反省可以让人达到一种忘我的境界,当内心一片清澈时,即使受到外界的干扰,我们也会保持纯净与超然;而在这种情况下,得到的经验与智慧则是十分宝贵的。

稻盛和夫有一种经营哲学,诀窍就是自我反省。稻盛和夫不敢以圣人自居,可是也绝不会让邪恶之心将自己打垮。他采用了一种自诫的形式,每当自己骄傲自满、自以为是时,他就会立刻反思自己,让自己及时改正。

比如，自己工作表现懈怠，或者跟别人说了大话，没有尽到责任，晚上回到家或者第二天起床时，他就会对自己说："混账。"再对自己说："神啊，对不起。"之后，他在这种自我劝勉的过程中，以谦卑的态度改正错误，重新开始。

年轻时，稻盛就已经养成了这个习惯，而正是这个习惯让他逐渐走向了成功。

在这个世界上，改变别人很难，改变自己却很容易；但即使是改变了别人，自己也往往不会有什么进步。因此，不要总是看别人，要经常审视自己，时刻提醒自己，让自己做得更好，因为只有反省才能让人们在忙碌的生活中发现自我的缺陷。

自古以来，圣人中出现了很多提倡自我反省的典型。例如《劝学》中，荀子提及："故木受绳则直，金就砺则利，君子博学而日参省乎己，则知明而行无过矣。"荀子觉得，君子一定会广泛学习，不断反省。再者，孔子的门徒曾子也说："吾日三省吾身。为人谋而不忠乎？与朋友交而不信乎？传而不习乎？"

著名画家林风眠，为自己准备了一个反省本，他经常会把父亲和导师给自己提的意见记在上面，比如：画色搭配不当、对比过于浑浊、比例安排不协调……这些零碎的字句，反映出了他勇于反省的品质。在反省中，他不断地纠正自己，不断地进步，最终在中国绘画史上有了一席之地。

如荀子、曾子以及画家林风眠一样，成功人士大多时常反省自己，从而实现自我完善和超越。跌倒了，不算什么，爬起来反省原因才是关键，因为这能告诫自己，让以后走路更加平稳。因此，不必忙着向前追赶，回过头来先反省一下自己，基础打好了，才能建设高耸而稳固的大楼。

反省和深思会让我们进步，有空的时候不妨思考一下下面的这些问题：

最近，你做过什么值得记住的事情吗？_____

你觉得，眼泪究竟代表的是软弱，还是强大？_____

你会经常给自己提些问题吗？_____
如果有机会给众人转播一条信息，你会传递什么？_____
你觉得，什么都不说也是一种撒谎吗？_____
如果现在不想有所行动，那么你打算什么时候开始行动？_____
既然知道别人都不会对你的行为作出评价，那你会做些什么不同的事？___
有些事情本来应该放弃，你却依然在坚持吗？_____
如果你必须当老师，你打算教什么课？_____
如果现在的手里有时间和金钱，你会选择哪一个？_____
有些人的生活比你糟糕很多，你知道吗？_____
对自己拥有的一切，你是否感到庆幸？_____
取得了一定的成绩想告诉别人，你会夸大其词吗？_____
如果人生可以重来，你会让自己在哪些方面发生改变？_____
你知道生活和生存的差别究竟在哪里吗？_____
如果对方用你对他的语气或态度跟你聊天，你会高兴吗？_____
什么事情会让你绽放自己的笑容？_____
在你过去的时间里，哪些事情让你觉得后悔？_____

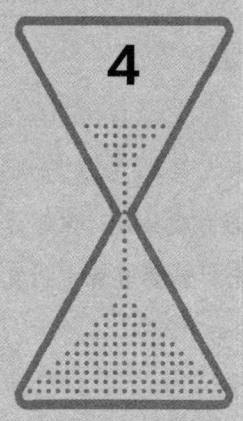

走出黑暗的雾霾
——换种思维经营人生

　　一个人的成长，离不开自我努力。但努力的方向一定要正确，否则必然是徒劳无功。失败之后，就要看看自己究竟在什么地方出了问题，从而修正自己前进的道路。

　　每个人都喜欢用自己的方式思考、以常用的行为方式处事，但日久天长之后，定式思维就会根深蒂固。其中的好习惯，会推动我们成长的进程；而不良习惯，则会让健康美好的生活离我们越来越远。

　　过去，终究已经成为过去，再也不能挽回，只有把握现在，珍惜每一天，人生才不会虚度，才能有所成就。

失败，是成长的必由之路

任何人都喜欢成功、不喜欢失败，因为成功是硕果丰收的那一刻。然而，不要忘记：失败是我们最好的老师，它能让我们得到磨炼、成长和进步，不至于停滞不前。请牢记：失败永远都是成功之母！

在20世纪60年代，有个美国人叫卡尔，他家里经营着一家杂货店，生意不好。卡尔告诉父母，既然经营了这么多年都没有成功，就应该换种思路，想想其他办法。父母觉得有道理。

他家附近有几所大学，学生经常出来吃快餐。卡尔想，这里没有比萨饼屋，卖比萨肯定能行。于是，他就在杂货店对面开了一家比萨饼屋。卡尔将比萨饼屋装修得精巧而温馨，高雅有情调。不到一年，卡尔的比萨饼就成为附近的名吃。之后，他又开了两家分店，生意同样不错。

卡尔的胃口逐渐增大，接连在俄克拉荷马州开了两家分店。可是很快就有坏消息传来，这两家分店严重亏损。开始的时候，一家店每天准备500份，总有一半以上的比萨饼卖不出去；后来，他又按200份准备，但还会剩下很多；最后，他干脆准备50份，仍然不行。

同样是卖比萨饼，两个城市同样有大学，为什么在俄克拉荷马州就失败呢？仔细思考之后，卡尔发现，两个城市的学生在饮食口味上有很大的不同。另外，在装潢和配方上面他也犯了错误。于是他迅速改正，生意也逐渐由亏转赢了。

同样是比萨屋,由于消费者的口味爱好不同,以致收益也不同。卡尔吸取了经验教训,整改了比萨屋,终于让亏损的店面起死回生。试想,如果没有接连不断的失利,卡尔就不会吸取教训,更不会有创新,也就没有未来的发展了。

人生太过一帆风顺,并不是好事。没有经过逆境的磨炼,收获自然也就寥寥。爱迪生发明电灯,也正是尝试了多次失败后才成功的。

1821年,英国科学家戴维和法拉第发明了一种叫电弧灯的电灯。这种电灯的灯丝是用炭棒做的,虽然能发出亮光,但是光线刺眼,耗电量大,寿命不长。爱迪生觉得电弧灯不实用,决定发明一种灯光柔和的电灯,让千家万户都用上。

之后,爱迪生就开始着手试验灯丝材料:用传统的炭条,一通电,灯丝就断了;用钌、铬等金属,通电后,亮了片刻就被烧断;用白金丝,效果也不理想……爱迪生连续尝试了1600多种材料,结果统统失败。

很多专家都认为电灯的前途渺茫,英国有些著名专家甚至还嘲讽爱迪生的研究一点意义都没有。一些记者也报道说:"爱迪生的理想简直就是虚幻的泡影。"然而,面对所有人的冷嘲热讽,爱迪生没有退却。他明白,失败乃成功之母,每一次的失败都意味着又向成功走近了一步。

1879年10月的一天,老朋友麦肯基来看望他。爱迪生望着麦肯基说话时一晃一晃的长胡须,突然眼睛一亮,说:"先生,我要用您的胡子。"麦肯基剪下一缕交给爱迪生。爱迪生满怀信心地挑选了几根粗胡子,进行炭化处理后,把它们装在灯泡里,但结果依然不理想。

麦肯基建议用他的头发,爱迪生明白,头发与胡须性质一样,因而没有采纳他的意见。在准备为慈祥的老人送行时,爱迪生下意识地帮老人拉平身上穿的棉线外套,突然喊道:"为什么不试试棉线?"

麦肯基立刻解开外套,撕下一片棉线织成的布,递给爱迪生。爱迪生把棉线放在坩埚里,进行高温处理。之后,他用镊子夹住炭化棉线,准备将它装在灯泡内。可由于炭化棉线又细又脆,再加上爱迪生过于紧张,拿镊子的手颤抖着,结果棉

4 走出黑暗的雾霾——换种思维经营人生

线被夹断了。最后,费了很大的劲儿,爱迪生才把一根炭化棉线装进了灯泡。

夜幕降临,助手把灯泡里的空气抽走,并将灯泡安在灯座上,一切工作就绪,大家静静地等待着结果。接通电源,灯泡发出了金黄色的光辉,整个实验室被照得通亮。但是,这灯究竟会亮多久呢? 1 小时,2 小时,3 小时……时间一分一秒地过去,电灯足足亮了 45 小时,灯丝才被烧断。人类第一盏有实用价值的电灯就此诞生。

所有的风风雨雨,所有的艰难困苦,对于我们来讲,都是成功路上的垫脚石。要想获得成功,首先必须学会失败。失败往往是成功的前奏,只要我们用平常心去面对,坚持去尝试和努力,总有一天会和成功握手。人生最大的失败不是不成功,而是在失败面前低头;当你认为输不起的时候,你就真正的输了。乔布斯在失败后没有一蹶不振,所以他才能屡次创造辉煌。

苹果联合创始人沃兹尼亚克曾在 Facebook 上说:"史蒂夫·乔布斯当年并不是被董事会逐出公司的,而是在 Macintosh 项目失败之后,乔布斯自己选择了离开。"

1985 年,因为乔布斯的经营理念和当时很多管理人员的不同,再加上蓝色巨人 IBM 公司也开始醒悟,同样推出个人电脑,并抢占了大片市场,以致让苹果公司开发出的电脑节节惨败。董事们和总经理将这一失败归罪于董事长乔布斯,并于同年 4 月撤去他的经营大权。

离开苹果公司,乔布斯更清晰地认识到自己的错误。1986 年,乔布斯从乔治·卢卡斯手中收购了 Lucas film 旗下的电脑动画效果工作室,并成立独立公司——皮克斯动画工作室,即后来众所周知的 3D 电脑动画公司的前身。1995 年,皮克斯推出全球首部全 3D 立体动画电影《玩具总动员》;2006 年,皮克斯被迪士尼收购,乔布斯也因此成为迪士尼最大的个人股东。

13 年后,乔布斯又重新回到苹果公司,经过一番改革,将苹果公司从危难中

拯救了出来。之后，他又推出了 iMac、Mac OS X 系统、iTunes、ipod、iPhone、iOS 系统、iPad 等产品，并取得了巨大的成功。事实证明，到今天，乔布斯所研发的产品依旧在全球享有盛誉。

没有经历过失败的人，人生是贫乏的、缺少滋味的。乔布斯没有经历过那么多失败，也就没有那么多研发的灵感，自然也就没有了苹果的盛世。

旅途太过平坦，通常是一件很危险的事，它会让我们骄傲、得意、任性、无知，甚至自我蒙蔽、停滞不前。因此，失败并不可怕，可怕的是，失败后不敢站起来。

真正的勇者，敢于直面暴风雨；真正的巨人，往往敢于攀登。即使经历过很多失败，也不表明你一无所获，你得到的是宝贵经验。失败，不是你放弃的理由，它只是要告诉你，你需要集中精力、改变方式，并不断地尝试，终有一天，成功就会来敲门。

突破定式思维,减少认知障碍

定式思维是心理学上的一个概念,是指在认识事物时,一定的心理活动通常会形成某种思维状态,从而影响或决定后面的思维活动。定式思维强调的是事物之间的相似性,是一种"以不变应万变"的心理策略。但如果问题条件发生了质变,墨守成规的解题者,往往很难产生新思维、作出新决策。

有这样一个问题:

抽屉里,放了黑白尼龙袜子各7只,如果在黑暗中去拿取,至少要拿出几只,才能保证拿到一双颜色相同的袜子?

答案很简单,就是3只。可是曾经在4名大学生中有3个人给出的答案是:8只。显然,他们都忽视了一个关键点:相同与不同。既然要取出颜色相同的袜子,为什么会产生颜色不同的定式思维?这是受到题目中"黑白尼龙袜"和"各7只"的影响,根据数学的逻辑,人们可能会觉得要拿出8只才能拿到一双。但显而易见,这是一种错误的思维方式。

定式思维通常让人墨守成规,它会干扰我们的思维方式,从而导致我们作出有失准度,甚至是错误的判断。如果不能突破定式思维,我们将会与成功背道而驰,生活也不再丰富多彩。

在一个没人居住的房子窗台上有一只鸟儿，它不断地用头撞击玻璃窗，每次都被撞回。可是，它仍旧坚持不懈，每天大概都要撞上十几分钟才肯离开。大家都在想，这鸟大概是为了飞进房间，才不停地撞击玻璃。其实，鸟儿站的窗台边，有一扇窗是开着的，所以很多人都觉得这是一只笨鸟。结果，有人用望远镜观察后才发现，在那块儿玻璃上粘着很多小飞虫的尸体。看起来鸟儿是在撞击玻璃，其实在享受美味。

这个故事告诉我们，我们一旦形成了某种固定观念，就会限定住自己的思维，在认识事物时出现障碍，就像人们自认为鸟儿很笨，而却不知道它在觅食。

在日新月异的时代，定式思维具有愈发明显的局限性。在多元化的刺激下，如果不能转换自己的思维方式，甚至是固执己见，就很容易闹出笑话；而且久而久之，还可能被新时代淘汰。因此，我们在认知和判断时，要学会多角度去分析，从而全面、客观地作出解释。

美国有个科幻作家叫阿西莫夫，他从小就十分聪明，年轻时曾经参加过好几次智商测试，总得分都在160以上，他也一直为自己的智商得意。

有一次，阿西莫夫遇到了自己的老邻居——一位汽车修理工。修理工和阿西莫夫说："嗨，聪明的博士，我来考考你的智商，出一道思考题，看你能否回答正确。"

听到对方要考自己的智商，阿西莫夫很得意，说道："当然可以。"

修理工说："有一个又聋又哑的人，想买几根钉子。他来到五金店时，他对售货员做了一个手势：左手两个指头立在柜台上，右手握拳做出敲击的样子。售货员看到后，先为他拿来一把锤子，聋哑人摇摇头，指了指立着的那两根手指头。售货员会意后，拿来几颗钉子。聋哑人买好钉子走出商店，之后又来了一位盲人。盲人想买一把剪刀，请问他会怎么做？"

阿西莫夫听到后，立刻回答道："盲人一定会这样。"说着，他伸出食指和中指，比划出一把剪刀的样子。修理工看到后就笑了:"哈哈,答错了吧。盲人想买剪刀,只需要开口说'我买剪刀'就行了,他干吗非要做手势呢?"

智商160的阿西莫夫不得不承认自己确实是个"笨蛋"。修理工继续说:"其实,我一早就知道你会答错,因为你接受过了太多的教育。可是,人并不是因为学习得越多反而变笨,只是因为得到了太多的知识和经验,更容易形成定式思维。"

在一些特定的经验范围内,定式思维并不会有什么错,但是跳出了这个范围,又将如何?世界很大,如果我们的思维被局限了,那将如何去探索世界的秘密和趣闻?

在生活和职场中,要有意识地克服定式思维,让自己的思维更开阔、更灵活、更敏捷。老人们总是说:"不听老人言,吃亏在眼前。"很多人都觉得有道理,然而随着科技的飞速发展与社会的进步,一些似乎有道理的经验不再适用,而需要用新的观念来解决。

定式思维就像一个圈,会限制我们的发展。很多人有时候会对机会视而不见,原因就在于他们被自身的定式思维束缚住了。只有走出这个怪圈,放飞思想,才能进入开阔的世界。

有空的时候做做下面的测试题,相信你会有不同的收获:

1.在荒无人烟的小河边,停着一只小船。这只小船太小,只能坐一个人。这时候,两个年轻人在同一时间来到河边,结果都乘这只船过了河。你知道他们是怎样过河的吗?

2.一个篮子里共有4个苹果,现在让4个孩子来均分。结果,分到最后,篮子里依然有个苹果。你知道他们是怎样分的吗?

3.不拔开瓶塞,也可以喝到酒,你知道是如何做的吗?(注:瓶子不能弄破,瓶塞不能钻孔)

0.01秒

参考答案：

1. 两个人来自河的两岸，一个人过河，然后另一个再渡过去。
2. 孩子们一人一个，且最后一个苹果放在篮子里。
3. 只要将瓶塞压入瓶内就可以了。

4 走出黑暗的雾霾——换种思维经营人生

把握现在，也就找到了人生的原动力

很多人都向往美好的生活，但要知道：只有今天不断努力，才能拥有美好的未来；只有今天辛苦地付出，才能收获明天的硕果。就像爬山一样，尽管一路磕磕绊绊，而且周围还是乱石杂草；但登顶的那一刻，你就会豁然开朗，放眼望去，胸中充盈着"一览众山小"的豪情与壮志。

光阴有限，不容虚度。把握好现在，用今天的所有行动去充实自己的生命，这样才不会在将来懊悔；只有懂得珍惜今天，才会更加努力拼搏，才能拥有光辉灿烂的未来，收获人生。

从前在教堂附近有座庄园，庄园主人逝世前，将庄园平均分给了一直以来对他很好的两个仆人：仆人甲和仆人乙。仆人甲对主人的去世，似乎毫不在意，一点都看不出伤心难过。他每天都会像主人还活在世上时一样，早起晚归，继续在主人的庄园耕作。而仆人乙则没心情去做庄园的事，每天只是去孤寂的教堂为已去的主人虔诚地祈祷，甚至每天只吃一顿晚餐。

时间一晃，一个月匆匆而过。仆人甲经过自己的辛苦劳作，土地上已长出了苗头，且长势很好。而仆人乙每天都静坐在教堂里祈祷，庄园早已荒芜。到了收获的季节，仆人甲获得了大丰收，而仆人乙只得了往年的三成。

夜里，主人出现在了仆人乙的梦里，对他说："看到自己的收成，想过为什么吗？"仆人乙问："为什么？"主人说："你去问问仆人甲，他定会告诉你。"

第二天,仆人乙便去问仆人甲:"昨夜我见到主人了,他说你的收成比我好,叫我来问你这是为什么。"仆人甲说:"其实没什么,只是主人在生前曾叮嘱过我们一句话,我只是遵照他的话做罢了。"

仆人乙问:"什么话,我怎么忘了?"仆人甲回答说:"主人在即将离去时曾说,他离开后不要太悲伤,他每天都会出现在庄园里,只有辛勤地在庄园里劳作的某个时刻,才能见到他。我每天都在庄园里劳动,目的就是想见到我们的主人。"

"那你见到主人了吗?"

"没有。可能是我还不够勤劳,所以我每天加倍地在庄园里劳动。"

"哦……是这样。"仆人乙回过神来,恍然大悟。

总是沉浸在过去的悲痛中,一点用也没有。仆人乙常去教堂,以致时光白白流逝,荒误了庄园,收成自然就会折损许多。

世界上没有任何事情会比时间公平,它不偏袒于任何一个人。懂得珍惜的人,不会因为过去的种种而伤痛惋惜,而是化悲伤为力量,为明天而努力。

王亚南小时候胸怀大志,很喜欢读书。在上中学时,为了得到更多的时间读书,他特意将木板床的一条腿锯短半尺,制成三脚床。他每天都会坚持阅读到深夜,每当疲劳时,就会上床睡一觉。迷糊中一翻身,床就会向短脚的方向倾斜过去,这样他就会瞬间被惊醒,然后马上下床,继续完成自己还没有完成的夜读。每天如此,从不懈怠间断。因此,他每年都会取得优异的成绩,还被班里誉为三杰之一。

年少时,读书勤奋刻苦;长大后,王亚南也如愿成了我国最杰出的经济学家之一。

每当别人问起他为什么会有这么大的成就时,他总是说:"世界上很多事情做起来都很容易,其中最大的差别就在于,我已经动手做了,而有些人却至今没有做。"

天下从来都没有免费的午餐,如果想让事情变得更好,就要马上行动。日常生活中,我们可能往往在麻木地重复工作和生活,有心去改变,但却不行动。有人说,我们每天都应该过不同的生活;但只有今天行动起来,坚持不懈地去努力,明天才会有所改变。

8年前,朋友手下有个素质一般的员工,现在竟然成了国内知名糖果企业的营销副总。

这个员工,最初只是一个销售员,小个子,长相一般,说话吞吞吐吐,业绩也很普通。包括他自己的朋友,都觉得他在营销领域不会有太大的建树。

这个糖果企业原本属于国有企业,内部竞争激烈,工作氛围紧张,薪资待遇也不高。很多销售人员都因无法适应而另谋高就,每年都会有销售人员来来去去。可是,无论别人怎样,这个员工始终在尽力做好自己的事情,坚持做了一年又一年,结果职位一路攀升。

在成功之路上,投机取巧是不可行的,只有脚踏实地把握好今天,才能终有登顶的一天。因为任何的成功,都是因为自身拥有某个独到之处或是具备一些领域的专业水平,再加上不断坚持和努力,才最终取得的。

真正的人生,最有意义的就是我们的每个"今天"。每个人都希望拥有美好的未来,可是大多数人却没有行动,只是在一旁羡慕,或为自己的失利找借口。永远不要忘了,现在所做的点点滴滴,都决定着我们的未来;与其悔恨在过往的时光中担心未来不好,不如从此时开始努力,从今天起程。

专注于自己正在做的事情，更容易产生奇迹

我们的大脑是个发达的接收器，所有细节都会通过人的感官反馈给大脑。如果没有专注精神，就不能将准确的信息反馈给大脑，以致影响大脑的思维判断，我们的行为也将受到阻碍。只有专注，才能将眼下和将来的事情做好，甚至更容易产生奇迹。

牛顿的天赋并没有特别的过人之处，但他很勤奋，学习和研究都专心致志，简直到了痴迷的地步。他经常会一连几个星期都留在实验室，直到实验完成。有一次，牛顿沉迷于做实验，竟把手表当鸡蛋放到锅里去煮；直到想看时间时，才发现手表没了。

还有一次，朋友来看牛顿。牛顿把饭菜摆到桌上后，又一头钻进了实验室。朋友不想再等，于是先吃起来，吃过后，看到牛顿没出来，便悄悄离开。牛顿做完实验后出来，看到桌上堆满了盘碟，自言自语地笑着说："我还以为没吃饭呢，原来已经吃过了。"说完，又走进实验室了。

专注，就是将注意力都集中在一件事上。做好自己正在做的事情，放弃那些不切实际且漫无边际的空想，把手上的事当作天大的事，把手上的事情变成希望的土壤、变成孕育志向的宝藏。

4 走出黑暗的雾霾——换种思维经营人生

对于未来，每个人都有着美好的理想和憧憬。人是为目标和事业而活着的，这是人生的动力。这就要求我们，对待事业要专注执着、坚定不移；要努力战胜种种念头和诱惑，控制自己的感觉器官，不该看的、不该听的、不该想的、不该做的……凡此种种，统统拒绝。只有将自己的注意力集中在一件事情上，才能管住自己，才能有所作为。

英国某家报纸曾举办过一项有奖征答活动，题目是：在一个充气不足的热气球上，载着3位关系人类兴亡的科学家。第一位是环保专家，他的研究可以让很多人免遭因环境污染而死亡的噩运；第二位是原子专家，他有能力防止全球性的原子战争，使地球免于灭亡；第三位是粮食专家，他能在不毛之地运用专业知识种植谷物，使千万人脱离因饥荒而亡的命运。热气球马上就要坠毁，为了减轻重量，必须丢出一个人。请问，该丢下哪一位科学家？

问题刊出后，为了获得巨额奖金，人们纷纷参与，答复信件如雪片飞来。这些回答，都是人们冥思苦想出来的，有些人甚至还漫无边际地阐述了自己的理由。但结果揭晓，巨额奖金得主竟然是一个小男孩。他的答案是——将最胖的那位科学家丢出去。

小男孩睿智的答案告诉我们：单纯的思考方式往往比冥思苦想更能获得良好机遇。解决疑难问题的最佳方法只有一个，就是将自己的注意力集中在一件事情上，而不是盲目探讨。

壁立千仞，无欲则刚。没有了急功近利的浮躁，也不好高骛远，有条不紊地完成手中的事情，就可以让理想的幼苗在平实中长成参天大树。

一位农场主巡视谷仓时，不小心将一只名贵的手表遗失在了谷仓里。他找了好几次，都没有找到，最后定下赏价，承诺："谁能找到手表，就给他50美元。"

重赏之下，必有勇夫。人们都卖力地四处翻找，可是谷仓内到处都是成堆的谷粒，要想找到那只小手表，谈何容易。忙到太阳下山，人们依然一无所获，便放弃了50美元的奖金纷纷回家。

仓库里只剩下一个贫困的小孩。他不死心，想在天完全黑下来之前找到它。谷仓中慢慢黑下来，小孩虽然很害怕，但依然不想放弃。他不停地摸索着，突然听到一个奇特的声音：嘀嗒，嘀嗒……

小孩停下所有动作，谷仓内更安静了。他竖起耳朵听，嘀嗒声变得更加清晰，这是手表的声音。小孩循着声音的方向，在漆黑的大谷仓中很容易地找到了那只名贵手表。

小孩成功的方法其实很简单：专注地对待一件事。生活中，总有各种各样的事情需要我们去办，当我们需要专注地对待一件事时，必然会去衡量眼前的事情是否值得自己牺牲那么多。在我们必须选择时，心中的那杆秤就会突然开始工作，马上评估是做还是放弃，是否要全力以赴，能否作为备用资源，能否为自己留一条后路，等等。

只要内心可以衡量，不管做什么，都会遇到或多或少的阻力，这些阻力并不是别人给的，而是自己在一开始就已经预设好的。吸引力法则无处不在，因而阻力出现时，要学会专注地去做自己正在做的事。

在实现自己的理想时，达·芬奇从一枚鸡蛋开始。不管别人的人生怎样精彩、怎样斑斓，他都画着不变的蛋。就是这看似很简单的练习，他一遍一遍地重复，一遍一遍地诠释……不知不觉中，练就了扎实的基本功，终于造就了举世闻名的《蒙娜丽莎的微笑》。

与其追逐天边的云，不如紧握手中的花；与其梦想硕果，不如撒下手中的种子……专注于自己正在做的事情，并不是没有目标，而是抛弃浮躁，让心态更平和。

4　走出黑暗的雾霾——换种思维经营人生

　　每个人都有一定的劣根性，比如：贪图安逸、拈轻怕重、逃避困难。在做一件事情时，如果需要付出艰辛的劳动，或是需要极大的努力才能成功，人们往往会因压力过大或焦虑过多而选择拖延，甚至是选择放弃和拒绝。这也就是为什么很多人喜欢将今日事推至明日，甚至是复明日的原因。

　　很多情况下，我们无法将事情办好，就是因为放弃得太早。成功还没到来就放弃，是一件很可惜的事。因而，认定了一个目标，就要专注地去做，坚持地去做，只有这样，才能最终看到成功的希望，甚至还会出现意想不到的奇迹。

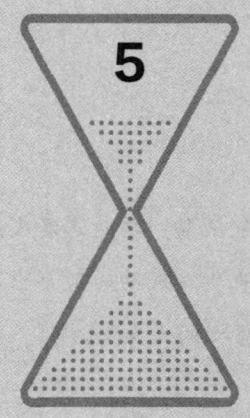

坚信生命的力量
——就算被全世界否定也要相信自己

一心想着成功，就可能成功；总是想着失败，就会失败。期望多，获得也多；期望少，获得也少。成功一般都出现在渴望成功的人身上，失败则附着在对自己没有信心的人身上。

在人生过程中，主见扮演着重要的角色，糅合着你的兴趣与理想，决定着你人生前进的方向。兴趣是最好的老师，理想是前进的启明星，而放弃主见，无异于放弃自己的兴趣和理想。

自信能将一个人从困境中解救出来，能够让我们在黑暗中看到成功的光芒，能够给一个人带来奋斗的动力。拥有自信，也就成功了一半。

只要心在坚持，永远不会一无所有

人贵有志，志贵持恒。要想成就一番事业，就要坚持不懈、持之以恒地努力。这个道理，想必大家都知道，但真正能做到的人并不多。主动退却，只得半途而废；灰心气馁，只得前功尽弃；一曝十寒，只得一事无成。只有迈着坚定不移的步伐，才能最终沐浴到胜利的光辉。

有位小伙爱上了一位美丽的姑娘，他鼓起勇气给姑娘写了一封求爱信。几天后，姑娘给小伙子回了一封奇怪的信。封面上署有姑娘的名字，可信封内却什么都没有。小伙子感到很奇怪：如果是接受，那就明确说出；如果不接受，也可以明确说出，为何不回信？

小伙子鼓足信心，坚持给姑娘写信，而姑娘回复他的都是一封无字信。一年后，小伙子寄出了整整99封信，也收到了99封回信。

小伙子看到前98封回信全是空信封，便没有拆开第99封回信，对于这个姑娘，他也不再抱任何希望。他心灰意冷地把第99封回信放到一个精致的木匣中，不再给姑娘写信。

两年后，小伙子和另外一位姑娘结婚了。新婚不久，妻子在一次清理家务时，偶然翻出了木匣中的那封信。她好奇地拆开，信纸上写着："我已做好了嫁衣，在你第100封信来的时候，我就做你的新娘。"

妻子将这封信拿给已经成为人夫的小伙子看，他的心狠狠地疼了一下。当天夜里，小伙子爬上当地的最高楼顶，手捧 99 封回信，望着灯火辉煌的美丽城市，泪如雨下。

成功，就像故事中那位美丽的姑娘，并不是轻而易举就能追到的，不仅要经受漫长的时间考验，还会面对很多障碍。就像是烧开水，99℃离100℃虽然只差1℃，但不到100℃，水照样不会沸腾。

世上无难事，只怕有心人。只要你愿意做，并且持之以恒，即使是再难的问题，也终将被解决。经常说"已经足够了""我坚持不下去了""这样做可能不值得""这样做也许没有多大意义"……只能让自己成为半途而废的人。

相信，很多人都读过《钢铁是怎样炼成的》这本书。作者奥斯特洛夫斯基在写这本书时，历经了无数的苦难，但他都坚持下来了，所以才有了这篇名著。

奥斯特洛夫斯基读过3年小学，16岁时他的腹部与头部严重负伤，右眼失明；20岁时，他因为关节硬化而卧床不起。面对命运的严峻挑战，他深切地感到："在生活中没有比掉队更可怕的事情了。"

奥斯特洛夫斯基与自己的命运进行了英勇的抗争：他不想躺在残废荣誉军人的功劳簿上向祖国和人民伸手，而是用旺盛的精力读完了函授大学的全部课程，阅读了大量的世界名著。

当奥斯特洛夫斯基的文化和文学素养达到一定水平后，他撰写了一本描述柯托夫斯基部队中英雄战士的中篇小说，寄给一家杂志社，结果没有被采用。可是，他并没有灰心丧气，忍着病痛的折磨，默默地向认准的目标攀登。

1930年4月，奥斯特洛夫斯基和妻子搬到莫斯科，住在克鲁鲍特金大街一条僻静的胡同里。同年秋天，他开始着手创作《钢铁是怎样炼成的》这本书。党组织为了支持奥斯特洛夫斯基的创作，派了秘书和打字员来协助他，这也大大提升了他的写作速度。一年之后，这本书的上部就已经完成。1932年，该书印刷发表，

5 坚信生命的力量——就算被全世界否定也要相信自己

并开始在《青年近卫军》杂志上连载。1933年，在亲朋好友的帮助下，《钢铁是怎样炼成的》一书最终完成。

当时，该书在苏联引起了极大的反响，一些知名人士和著名作家纷纷写信向奥斯特洛夫斯基表示崇高的敬意，甚至老作家妥拉菲莫维奇和列宁的弟妹都特意赶到奥斯特洛夫斯基所在的疗养院，向他表示祝贺。

1936年4月，奥斯特洛夫斯基的父亲去世；两个月之后，他所敬仰的伟大的无产阶级作家高尔基逝世。接连的打击使奥斯特洛夫斯基原本羸弱的身体再次受创，病情急剧恶化；12月22日，终是与世长辞。他留下的最后一笔，是一本给孩子们看的书——《柯察金的幸福》。

站着用枪战斗，躺着用笔战斗，死后用书战斗——这就是奥斯特洛夫斯基的一生。每个人面前都有一条未知的路，尽管我们走在不同的岔路上，但一定要坚信：世上无难事，只怕有心人。

你可以一无所有，但却不可能没有信心。不能经历了一点失败，就自我怀疑、自怜自艾，抛掉所有的信念和信心。不管你失去了什么，都要高举双手，告诉自己："就算现在什么都没有，只要有自信、有双手，就能比别人更好，会比之前得到更多。"

坚持是一种信念，可以让你不怕困难，不失去奋勇向前的勇气；能让你乘风破浪、直击沧海，让你拥有不达目的誓不罢休的决然。既然选择了，就要坚持走下去。

1987年，女孩14岁，生活在湖南益阳的一个小镇上，以卖茶为生，1毛钱一杯。因为她的茶杯大，所以卖得最快，那时候的她是忙碌而快乐的。

1990年，女孩17岁，她将卖茶的摊点转移到了益阳市，把茶都改成了"擂茶"。擂茶虽然制作比较麻烦，但能够卖个好价钱，为此她总是忙忙碌碌的。

1993年，女孩20岁，她来到长沙，店面从摊位变成了小店。客人进门后，一定会尝到热乎乎的香茶，享用之后顾客往往会掏钱带上一两袋茶叶。

1997年,女孩24岁,她已经拥有37家茶庄,遍布长沙、西安、深圳、上海等地。福建安溪、浙江杭州的茶商们只要一听到她的名字,都会纷纷竖起大拇指。

2003年,女孩30岁,她的最大梦想实现了。如今的她已经把茶庄开到了香港和新加坡。

这个故事虽然很短,可是却有着较深的内涵:只要坚韧不拔地去做,不畏惧任何艰难险阻,就能披荆斩棘,取得最终的胜利。

做同一件事情时,不自觉地放大困难,就会让自己心存畏惧,失去乘风破浪的豪情与气魄。困难,其实并不可怕,可怕的是不具备直面困难的勇气。要想面对那些被自己放大的困难,就要具备坚持的精神。也许只是一瞬间,就可以挖掘出自身潜能,造就一个全新的自己。

古往今来,成功都离不开"贵在坚持"这四个字。每件事都不可能一帆风顺,路途中总会经历曲曲折折。只有具备难能可贵的精神支柱,只有身具不畏艰难的勇气,认准一个理、认准一个目标,努力去拼搏,才能最终实现自己的理想。

5 坚信生命的力量——就算被全世界否定也要相信自己

能成为什么样的人，取决于想成为什么样的人

在内心深处，每个人都渴望成为那个与众不同的人，成就一番伟业。而这个人的身影高低，决定了你最终成就的大小。

被称为新工业之父的亨利·福特，年轻时曾在一家电灯公司当工人。

一天，福特突发奇想，打算设计一种新型引擎。他把这个想法告诉妻子，妻子对此表示支持，还鼓励他说："天下无难事，你就试试吧。"从那之后，福特每天下班回到家里，就会直接钻进旧棚子里做引擎的研究工作。

冬天旧棚子里异常寒冷，福特的手常常冻出紫包，牙齿在寒冷中咯咯颤抖，可他对自己默默地说："研究已经有了头绪，再坚持干下去就能成功。"他充分调动自身的积极性，一干就是三年，最后这个异想天开的引擎终于问世。很快，亨利·福特和妻子就乘坐着没有马的马车上了大街。行人被这番景象吓了一跳，有些胆小的人甚至还躲在远处偷偷观看。

凭借着自信与努力，福特在汽车领域一再创新，这才有了T型车和A型车的畅销；但福特并不满足，因为他还想做一种尝试，那就是制造一种拥有8个完整汽缸的引擎。

为了制造出拥有8个完整汽缸的引擎，福特找来工程师商议，但工程师们听后纷纷摇头："这不可能。"但福特坚持："谁不想干，就立刻走人！"迫于失

业的压力，工程师们只好勉强上手。由于他们仍然认为这是一件不可能完成的事，所以工作时积极性也不高，6个月之后，研究也没有任何进展。

　　福特知道依靠这几个工程师是不可能完成任务的，于是他另外挑选了几个有信心的人，和他们一起埋头苦干、专心研究、反复试验。终于，在坚定的信念支撑下，他们终于找到了制造这种引擎的方法，而后也顺利生产出V8型汽车。福特的"不可能的想法"得以实现。

　　是什么让新型引擎奇迹般地出现？是什么让V8型汽车从无到有？是意识和潜意识的无形力量发挥出的作用。意识虽然是很小的已知能量，但潜意识却是大脑细胞内匿藏着的极大潜能。亨利·福特就是用这小小的已知力量，开发出了无穷无尽的大脑潜能。

　　意识和潜意识具有操纵人类命运的巨大能力，只要意识给潜意识确定一个目标，潜意识就会为实现这个目标而行动。所以，一心想着成功，就可能成功；总是想着失败，就会失败。期望的多，获得的也多；期望的少，获得的也少。

　　概括来说，世界上只有三种人会成功：命好的人，运好的人，还有拥有智慧的人。

　　命好的人，就是我们通常说的"二代"，他们生来就优人一等，拥有贵重的资源，拥有很多机会。或许他们不需要多么强悍的能力，因为很多人都会为他们做事，这是父母累积的结果。运好的人，他们一般都有很多贵人。当然，能吸引别人来帮助，也是人脉、人缘累积的结果。而拥有智慧的人，他们则最擅长学习，因为他们的成功是靠自己的勤奋学习和努力拼搏争取来的。

　　戴高乐曾说过："眼睛所看到的地方就是你会到达的地方。伟人之所以伟大，是因为他们决心要做出伟大的事情。"这个伟大的事情，就是伟人的目标。想变成怎样的人，就要完成什么样的事情；你想成变成怎样的人，才能成为怎样的人。如果你想成功，就必须想象自己可以成功；不敢去想，所有的一切都只会是泡影。

5 坚信生命的力量——就算被全世界否定也要相信自己

周涛大学时上的是理工院校，没有文学气氛，可是他却很喜欢写作，想成为记者。所以，入学时，周涛就进了学校的记者团，从一名小干事一直做到记者团团长。这期间，他写过很多稿子，还采访过当地的知名企业老总，还在业内知名杂志上发表过很多文章。

在保证拿到学位证书的基础上，周涛用自己的方式接近自己的梦想，比如：参加各种文学比赛，发表文章，到小报社实习跑新闻……一路向着自己想要的那个方向前行，毕业时周涛果然如愿以偿地进入南方一家知名报社。

实在的目标和靠谱的行为，就是周涛成功的基础。周涛的故事告诉我们，要想变成怎样的人，就要根据自己的喜好、气质、兴趣、特长、学识、能力和天赋，做出理性分析，比如：你想成为什么样的人，你愿意用一生的努力去实现的吗？

古语有云："灯不明则屋黑，志不明则心盲。"清晰地知道自己要成为一个怎样的人，人生就会有一个总纲，就会知道怎样合理安排学习、工作和生活。人生有了规划，再加上脚踏实地和锲而不舍的精神，你终将会成为你心中的那个人。

坚持自己的主见，真正做自己

很多人嘴里经常会说出"随便""听你们的""我也不知道怎么办""你们觉得呢"等口头禅，这常常就是缺乏主见的表现。没有主见的人，只会随波逐流，甚至会成全大家而委屈自己。须知：别人认为好的，不见得你就得喜欢。

一次，一个猎人捕获了一只鸟。这只鸟能说70种语言，为了解除困境，说："放了我，我会给你三条忠告。"猎人回答说："只要告诉我，我就放了你。"

鸟说："第一条忠告是，做事后不要后悔。第二条忠告是，有人告诉你一件事，如果觉得不可能，就不要相信。第三条忠告是，当你爬不上去时，别费力去爬。"之后，鸟对猎人说："该放我走了吧。"猎人信守承诺，将鸟放了。

没想到，这只鸟很快就落在附近的大树上，向猎人大声喊道："真愚蠢。你虽然放了我，但你并不知道在我的嘴中有一颗价值连城的大珍珠。正是这颗珍珠使我这样聪明。"猎人想将这只鸟再次抓回来，跑到树前，开始爬树。但是，当他爬到一半时，从树上掉了下来，并摔断了双腿。

鸟嘲笑他说："笨蛋！我刚才对你的忠告你全忘了。第一条，一旦做了某事情就别后悔，而你却后悔放了我；第二条，如果有人对你讲你认为不可能的事，就别相信，而你却相信我的嘴中居然会有一颗大珍珠；第三条，我告诉你如果爬不上去，就别强迫自己爬，你却试图爬上这棵大树，结果掉下去摔断了双腿。我在这里说的就是你：对聪明人来说，一次教训比蠢人受一百次鞭挞还深刻。"说完，鸟就飞走了。

5 坚信生命的力量——就算被全世界否定也要相信自己

为了满足自己的贪婪之心，人们经常犯傻，什么蠢事都干得出来，结果只能是伤害了自己。因而，不管在任何时候，都要有主见，有辨别是非的能力，不要总是被别人的意见所影响，尤其是充满诱惑的建议。

有这样一个令人哭笑不得的故事：

一对父子，到集市上买了一头毛驴。回来的路上，父亲为了让儿子免受行脚之苦，就让儿子骑上了驴。有人看到后说："这孩子也太不懂事了，年龄这么小就骑驴，他爹那么大岁数了，还要跟在后面走，不孝。"

儿子听说后，立刻从毛驴上下来，把父亲让上驴背。这时，有人看到说："这当爹的也太不像话了，自己骑驴，却让这么小的孩子在后面步行，无耻。"

父子俩无法，只好都步行着走。有人看到后，又讥笑说："天下还有这么傻的爷俩，牲口闲着，自己费力走。"父亲一着急，拉着儿子一起骑上驴。不料，还没有多远，有个人鄙夷地喊："真是一对奇葩。太不是东西了，一点也不知道心疼自家的牲口，下辈子该让你们也转生成驴。"

爷儿俩异常生气，从驴背下来后，索性将四个驴蹄捆成一圈，找根棍子抬着驴回家……结果，路人都用惊诧的目光看着他们，还不屑地说："这户人家肯定是祖辈魂不全，要不然就是遗传性神经病。"

故事中的爷俩，是不是很可笑，是不是还有些可悲？其实，他们完全可以按照自己的意见来做事，想骑驴就骑驴，想走路就走路；既可以让儿子骑，也可以让父亲骑……可是由于他们没有主见，总是听到别人怎么说他们就怎么做，结果等来的只是满路的指责声。

"大风刮倒梧桐树，自有他人论短长。"任何事情，都会有人评头论足。既然"一人难称百人心"，为何不坚持自己的主见？每个人的想法都不会完全一致，既然明确了目标，就要坚持自己的想法，不必顾虑他人的议论。一旦成功，那些议论自然也就消失了；就算是失败了，但确实是自己应该做的，也就没有什么后悔的，更不用在意他人的看法。

主见,有时候还关乎我们的兴趣与理想。既然认定了,就应该坚持。

年轻的时候,父母希望巴尔扎克做一名律师。巴尔扎克不负众望,顺利获得了法学院学士学位,之后在一家法律事务所谋到一个录事职位。20岁时,巴尔扎克对父母说,他想成为一名作家,而且是那种天下闻名的作家,但遭到了父母的强烈反对。

经过长时间的争执,他们之间才达成协议:父母每个月给巴尔扎克120法郎的生活费,让他自己奋斗两年。两年中,如果没有写出让他成为伟大作家的作品,他就要回律师事务所上班,没有任何讨价还价的余地。

两年中,巴尔扎克写了第一部诗剧《克伦威尔》。结果,一名颇有名气的诗人毫不客气地写信给他父亲说:"令郎可以尝试各种职业,就是不要搞文学。"

然而,巴尔扎克并未因此而动摇。父母虽然不再为他提供生活援助,但他依然在坚持自己的路。终于,他完成了被誉为"资本主义社会的百科全书"的《人间喜剧》,他也被誉为"现代法国小说之父"。

如果当初巴尔扎克听从父母和那位诗人的意见,放弃了自己的理想,他的家乡也许会多一名小有名气的律师,但会少一位名满天下的文豪,而且世界文学宝库中也不可能出现《人间喜剧》这部伟大作品。

在竞争日趋激烈的社会中,任何人都会追求自己的梦想。可是,在繁杂的人生道路之上,充满了太多的挫折、失败,为此有些人选择了退缩。但你是否想过,不坚持主见,你往往会感觉到一种莫名的群体压力。这里有个是著名的阿希实验:

阿希拿出一张卡片,上面画有一条竖线。然后,他拿出另外一张画有3条线的卡片,让人们比较两张卡片中哪两条线一样长。判断共进行了18次。

5　坚信生命的力量——就算被全世界否定也要相信自己

其实，这些线条的长短很明显，正常人很容易作出正确的判断。可是，在两次正常判断后，5个"托儿"故意说出了一个错误答案。之后，其他人就开始犹豫不决，不再相信自己。结果证明，每个人都有不同程度的从众倾向。

为什么不坚持自己的主见，别人就一定正确吗？显然是不一定的，但来自群体的压力让个人的潜意识逐渐发生了改变，让你"融入了群体"。

坚持自己的主见，也不是一味地武断，多听听别人的意见，有益于完善自己的判断。但要知道的是，别人的意见，是为你的主见服务的。正如保罗·盖蒂所说："一个人成功的关键是坚持主见，对成功充满自信和乐观的态度，而不是迷信权威。"

相信自己，苦中也能品出丝丝甜味

自信，能够让我们在黑暗中看到希望的光芒，能够带来奋斗的动力，能将一个人从困境中解救出来。

借助自信的力量，即使是一棵小草，也可以冲破土地的封锁表现出勃勃生机；即使是滴滴轻盈的水珠，也能打穿硬厚的巨石。力量就在自己心中，一定要相信自己。只有愿意相信自己，别人才不敢忽视你，你才能登上生命的最高峰，体会到"会当凌绝顶，一览众山小"的豪迈与壮阔。

一群人到山上打猎，一个猎人不小心掉进了捕猎用的坑洞里。他摔断了右手和双脚，只剩下一只健全的左手。坑洞很深，还很陡峭，上面的人一点办法都没有，只能冲下面大喊。猎人看看四周，发现坑洞的壁上长着青草，就用左手撑住洞壁，用嘴巴咬住草，慢慢地向上攀爬。

地上的人看不清洞里，只能大声地为他加油。渐渐地，他们看到一个身影从黑暗中出现，他们很兴奋。可是，当看清楚此人正用嘴巴咬着小草攀爬时，忍不住议论起来："哎呀！这样爬，怎么能爬上来！""真是糟糕透了，手脚都断了！""可惜！如果就这样摔死了，庞大的家产就留给别人了，自己无缘享用。""他母亲和妻子可怎么办才好！"……

听了众人的议论，猎人终于忍无可忍了，张嘴大叫："你们都给我闭嘴！"结果，就在张口的刹那，他再度落入坑洞，当场摔死。

5 坚信生命的力量——就算被全世界否定也要相信自己

不管是人生还是事业,在面对困境和难关时,不用去在意别人的议论,因为那只会徒增烦恼;只有坚定地向上攀爬,才能实现最终的目标。

自信是生命的基石,是人生的根本。对自己有信心,才能像黑色的海燕一样,在暴风雨中无所畏惧地勇敢搏击,才能在人生征途上昂首前进、拼搏进取,创造辉煌。

在雅典奥运会时,中国选手彭勃、王克楠在最后一跳时发生致命失误。只要是有点专业常识的人都知道,这种失误,根本不是技术问题,完全是因为紧张。

在这个项目上,即使王克楠与彭勃的能力不如其他双人组合强,但依然具有一定的优势。在第三、第四跳,他们充分发挥了自己的优势。可是,最后一轮比赛中,格局竟然大乱:王克楠起跳后失控,翻腾到一半砸进了水中;俄罗斯的萨乌丁和多布罗斯科克、美国的杜迈斯兄弟也相继出现重大失误。最终,希腊跳水队的西拉立迪斯和比密斯获得金牌。

坚定地相信自己,做回真正的自己,才能最大限度地将自己的内在力量发挥出来。爱因斯坦曾经说过:"由百折不挠的信念所支持的人的意志,比那些似乎是无敌的物质力量具有更大的威力。"由此可见,只要拥有坚定的信念,不否定自己,任何的苦痛和挫折都是小菜一碟。这便是成功的原动力!

沃尔特·惠特曼出生在美国的一个海滨小村,因为生活困苦,只读了5年小学。在10多岁时,惠特曼辍学到一家印刷厂做学徒。工作虽然辛苦,却没有消磨掉他对生活的感悟和美好畅想。他喜欢诗歌,不知疲倦地写着。

惠特曼省吃俭用,用自己攒下的钱,自费出版了一本诗集,全文只有薄薄的95页,包含着12首诗和1篇序,但是足够让他兴奋。他取出几本书让家人看,可是家人都不看好,认为他的努力并没有任何意义,作品甚至不值一读。

面对众人的冷嘲热讽,惠特曼感到异常迷茫,甚至开始怀疑自己的决定是否正确。此时,来自远方的一封信,让他重新拥有了勇气。来信的人,是当代最有名气的大诗人爱默生。信中，爱默生高度评价了他的诗作，称赞他写法创新、格式活泼、内容新颖。

爱默生的夸奖和赞誉让惠特曼重新拥有了创作的激情，自此以后，他更加坚定了自己写诗的信念。不久之后，由他增订的第二版诗集问世。后来，诗集不断增订，到他去世时已经出到第九版，诗歌总数也由最初的12首发展到近400首。

我们总会考虑青春是什么，可是却不知道在考虑这个问题时它已经偷偷溜走；我们总在考虑自己拥有什么梦想，可是却不知道，现在不去追梦，这辈子都不会有机会了。很多人会成功，就是因为他们相信自己。

我们总是鼓励别人要自信，可是究竟什么是自信？其实，自信就是雄鹰翱翔天际的豪气，是江河湖海翻涌奔腾的气魄。被他人嘲弄或取笑时，不用愤怒，也不用埋怨别人瞧不起你，只要冷静、坚定地相信自己足够优秀就好了。

相信自己，苦中也能品出一丝丝甜味。成功学的创始人拿破仑·希尔说过："自信，是人类运用和驾驭宇宙无穷大智的唯一管道，是所有'奇迹'的根基，是科学法则无法分析的玄妙神迹的发源地。"对自己充满信心的人，根本就不会在意短暂的失败，他们有着不屈不挠的意志，会一直向着自己的目标前进。

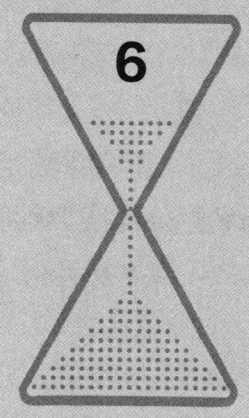

当好人生的导演
——改变态度就能改变人生的高度

只要做到勤奋,就会拥有更多的机会。勤奋的人,总会比别人快一步,步步先于人。只有早早做计划,早早做准备,早早行动,才能将机会抓在手里。

只有严于律己、时刻约束自己的人,才能攻克难关,走向成功。无法做到自我控制,自然也就没有资格去领导别人,更谈不上驾驭未来了。

把同样的问题摆在大家面前,主动寻找方法和积极解决问题,才是成功者应该具备的素质。只知道蛮干,一遇到问题就临阵脱逃,永远有说不完的借口,注定会成为失败者。

成事在勤,谋事忌惰

任何事情的完成都离不开勤奋,懒惰的人,只会一事无成。

有了惰性心理,你就会成为一只煮在温水中的青蛙。刚开始虽然觉得惬意舒适,时间久了就会发生危险;到那时,即使想摆脱这种局面,也只能是无力挣扎、无法逃离。随着时间的一点点流逝,只能在温水中死去。

很久以前,成功之神来到人间,看到一个懒人正躺在草地上睡大觉。成功之神走到懒人面前,大叫一声,懒人立刻从睡梦中惊醒。懒人问他:"你是谁?为什么要叫醒我?"

成功之神说:"我是成功之神,我叫醒你,是为了提醒你要珍惜时光,珍爱自己,努力去成就自己的美好生活。"懒人说:"我是一个懒人,不知道如何珍惜时光,也不知道如何珍爱自己。我觉得,在这里睡大觉就不错。成功之神,你喜欢我吗?要赐予我幸运与成功吗?"

成功之神说:"我不喜欢懒人,我不会赐予你幸运与成功。我叫醒你,不仅是为了提醒你要珍惜时光、珍爱自己,努力成就美好的生活;也是为了警醒你,稀里糊涂过日子,会倒霉不幸一生。"成功之神说完,便悄悄地离开了。自此以后,各种倒霉事果真就一件件降临到懒人身上,懒人成了一个四处流浪的乞讨者。

成功绝不会青睐懒汉,只会唤醒和警示懒汉。可是,如果懒惰者不以为意,

依然按照自己的想法行事，倒霉往往就会接踵而至。

懒惰是依附于人类的最常见的陋习，也是潜伏于人性中最可怕的敌人。一旦有了惰性，办事的时候就会拖拖拉拉，缺乏恒心与毅力；到头来，只能丧失掉生活目标，失去正确的人生方向，美好的未来也将慢慢化作爆裂的肥皂泡。

当我们的精神极度专注时，意念和行为就会高度地协调统一，任何负能量都不会潜入，更不会盘踞其中。所以，只要让自己忙碌起来，进入勤劳状态，心中就不会出现懒惰思想。

露西的丈夫是一家家族企业的老板，她自己整天都待在家里，无忧无虑地做着她的全职太太。可是这种好日子并没有维持多长时间，丈夫在一场车祸中意外身亡。公司倒闭，露西不得不承担起了家庭所有负担，还要抚养两个孩子。

为了维持家里的生活，露西不得不去找工作。每天，她都会先将孩子送去上学，之后再去帮人们做家务；到了晚上，孩子做功课时，她还要做些杂务。

一天，露西发现很多妇女都因为外出工作而没有时间打扫家务。她灵机一动，买来清洁用品，帮助有需要的家庭做家务。从事这份工作时，露西很辛苦，但很勤奋。随着熟练程度的逐渐增加，露西成立了一家公司。之后，连大名鼎鼎的麦当劳快餐店也来找她代劳保洁。

现在，露西已经拥有了自己的保洁公司，每天都会有大量的订单滚滚而来。可是，她一刻也没有松懈下来，依旧在夜以继日地工作。

"勤奋是金"，面对家庭变故，露西没有沉溺于过去的舒服状态，而是靠着自己的勤奋和努力，闯出了属于自己的一片天空。

惰性，是一个存在于无形中的刽子手，能够轻易地扼杀掉一个人的动手、动脑能力，扼杀掉最优质的创造力和创新精神。即使是一个有潜质、有能力的人，一旦大脑中出现了懒惰思维，他也容易变得堕落、平庸。

读小学时，我们都学习过一篇课文《早》。鲁迅13岁时，为了提醒自己勤奋学习，便在课桌上刻上一个"早"字。学到这篇课文后，我记得很多同学都在自己的桌子上刻下了"早"，但是真正能做到的人却非常少。所以说，勤奋并不是简单写出来就行，更需要付出时间。

宋朝时有个著名的学者，叫陈正之。他先天智力不好，看上去有些傻。对于大多数人来说，几个字或几十个字，是很容易就记住的。可是，陈正之却不同。他虽然认识很多字，但经常读错；内容浅显易懂的文章，同学读几遍就可以倒背如流，他读上几十遍也是吞吞吐吐。周围的同学都嘲笑他，称他为"陈傻子"。

可是，陈正之没有气馁，左思右想后，他想出一个以勤补拙的好办法。学习时，别人读一遍，他就读十遍；别人学习一小时，他就学习几个小时，从来不间断……日复一日，年复一年，靠着不懈的努力，陈正之的学问与日俱增。最后，他终于成为我国宋代著名的博学之士，从"陈傻子"变成了"陈学者"。

古语云："勤者可成事，惰者可败事。"如果想拥有自己的一番事业，就要守住一个字——"勤"；正如陈正之一样，他没有在嬉戏中荒废自己的时间，而是以勤补拙，终成为人人敬仰的"陈学者"。

马歇尔·霍尔博士曾说："没有什么比无所事事、懒惰、空虚无聊更加有害了。"懒惰的人喜欢贪图安逸，即使是面对一点儿风险，也会被吓破了胆。不懂吃苦实干，存在侥幸心理，终究一事无成；只有摆脱懒惰，才能看到成功的曙光。

作家凡尔纳曾说："从青年时代起就懂得粮食是用汗水换来的人，就能够做出业绩来。因为在必要的日子和时刻，他就会有完成业绩的意志和做出功绩的力量。"惰性是一件很可怕的事情，它会摧毁我们的意志、剥夺我们的活力、浪费我们的生命，最终给我们留下的只剩苍白的悔恨。

古语有云："成由勤俭败由奢。"在成功的道路上，除了勤奋，没有任何捷径可走。任何一个成功人士，都具备勤劳的品格。不要做思想的巨人、行动的侏儒，如果想实现自己的梦想，就要戒掉"惰"字，守住"勤"字。

懂得自律，万不可放纵自己

凡是成功之人，必然有着一颗自律的心。如果你还没有取得成绩，那就先问问自己：你能够做到自律吗？

自律，是发自内心的一种内涵，是修身、立志、成大事者必须具备的一个能力。只有懂得自律的人，才有自知之明，才能养成良好的行为习惯，才能战胜自己，取得最终的成就。

美国的心理学家曾做过这样一个实验：

一群小孩被关在同一个房间里，桌子上放着很多糖果，工作人员离开时告诉他们：等我们回来后，你们才能吃。然后，工作人员离开，用隐藏的摄像头观察他们。结果发现，只有少数孩子抵御住了糖果的诱惑。后来工作人员经过跟踪发现，那些没有吃糖的孩子成人之后事业都发展得很顺利。

自律是成功的基石！人生不过短短几十年，过于放纵自己，只会让自己后悔。

所谓自律，就是自己严格要求自己，其实就是自己约束自己。没人监督时，能够将被动变为主动，自觉地遵循规则，约束自己的一言一行。只有严于律己、约束自己的人，才能战胜自己，成就自己。无法做到自我控制，就不能很好地克制自己，自然也就没有资格去领导别人，更谈不上驾驭未来了。

永远不要觉得今天过去之后还有明天，明日何其多？将时间提前透支完了，人生也就终结了。时光一去不复返,任何人的人生都无法从头再来。生命中,到处都是未知数,需要更加慎重地把握。苦难并不是人生中最可怕的东西,最可怕就是在苦难中放纵自己而不自律。

周恩来总理从少年到老年,一直都不断地给自己提出严格要求,并落实在实际行动中。一生中,他从来都没有放松对自律的要求,所以他才能成为人们心目中的楷模。

1913年,15岁的周恩来,以优异的成绩考入天津南开学校。到了天津后,看到洋人、军阀任意踩蹦人民,马路上到处躺着受苦受难的人们。于是,他决心要通过自己的努力来改造中国、改造社会。

为了实现这一理想,周恩来对自己异常严格,他要求自己做到"五不虚度":读书不虚度,学业不虚度,习师不虚度,交友不虚度,光阴不虚度。在学校的4年中,他对自己的要求都一一实现,这为他以后良好的习惯和发展打下了坚实的基础。

很多时候,我们为何会感到痛苦,感觉生活为何如此艰难?归根结底,并不是拥有的太少,而是因为想要的更多;并不是没有自由,而是理解不了自由的真正含义。自由是听命于理性的,而理性的自由就是不想做什么就不做什么。

安德烈耶夫曾说:"一个人最大的胜利就是战胜自己。"我们每个人都在纷繁复杂的世界中艰难前行,势必会受到金钱、权力等利益的诱惑。此时,阻碍自己前进、破坏自己信念的敌人,就是自己;如果对自己要求不严,浪费的也只是自己的时间。

李嘉诚说过:"自律是修身立志成大事者必须具备的能力和条件。"从大的方面来讲,这是群体思想品质的体现;从小的方面来说,则是对一个人意志力的考验。自律的人,都懂得自爱,勇于自省,善于自控。

有家跨国银行招聘理财专员,沐子刚自英国留学回来,就去应聘。很快,沐

子就接到了来自伦敦总部的电话,确定了第一轮电话会谈的日期和时间。只有过了这一关,才能获得飞往海外进行正式面试的机会。

电话会谈定于某日10点进行。日子到了,早上9点,沐子郑重其事地穿了衬衣、打了领带,在电话旁边正襟危坐。老妈看到他的样子,忍不住笑起来,揶揄道:"嘿,电话会谈,还用打扮得那么神气?对方又看不见你,犯得着这样兴师动众吗?"

没想到,沐子竟然一本正经地说:"妈,如果我现在穿着背心和短裤,心情多半也是轻松的,说出来的话就会不慎重。再说,对方是在办事处给我打电话,他衣冠楚楚,我怎么能不尊重他呢?"妈妈感到一阵惭愧。

亚里士多德曾经说过:"放纵自己的欲望是最大的祸害,谈论别人的隐私是最大的罪恶,不知自己的过失是最大的病痛。"千万不要放纵自己,不要给自己找借口,时日久了,自律自然就会成为一种习惯,成为你的一种生活方式,你的人格和智慧也会变得更加完美。不要觉得,偶尔放纵一次,对自己和别人都不会有什么影响;殊不知,偶尔多了,也会变成习惯。

人生中最大的敌人是谁?是自己。如果想让自己早日获得成功,就不要纵容自己,要不断反省,永远自律;而在别人看不到的地方对自己严格要求,则是最大的自律。

要想做到自律,可以从以下几方面做起:

1. 不要纵容自己的怠惰。有的人天生就是个懒人,做事不自觉,即使让他勤奋一些,也是白说;有的人只有在特定条件下才会懒惰一些,例如:工作时间久了,会感到无力;心中怠惰,就会无心工作;压力太大,也会引起反弹式怠惰。除了天生怠惰,任何形式、原因的怠惰都是可以理解的。但是,纵容怠惰的存在,甚至沉溺于怠惰,危机就会出现,因此一定不能太过纵容自己。

2. 不要纵容自己的弱点。每个人都有弱点,有些弱点是先天的、无法矫正的,比如性格上的弱点;有些则是后天的、可以矫正的,例如好色、好赌等。如果不能坦诚面对后天的弱点,甚至不懂节制,一味地满足自己在这方面的需求,就会予人以可乘之机，最终使自己堕落。

3. 不要纵容自己的安逸需要。人都是好逸恶劳的，但安逸和危机是对双胞胎。沉溺于安逸而不思考，或贪图安逸而逃避问题，必然会徒增很多麻烦。所以要记住：生于忧患，死于安乐！

4. 不要纵容自己的欲望。满足欲望是人性，可是不管有无满足欲望的条件，纵容自己的欲望，都不是好事。因为这将使你失去理智，模糊你追求的目标。

5. 不要纵容自己的情绪。放纵喜怒哀乐的情绪，不仅会影响别人的情绪，也会改变别人对你的态度。尤其是"怒"的情绪，不仅会对你的人际关系造成负面影响，还会让你对周围环境的认识产生扭曲，失去判断的准确性。

借口,是推卸责任的万能器

遇到挫折时,很多人都会找些客观原因去为自己开脱;实在找不到借口,就埋怨自己命不好。他们从来都不会觉得为自己开脱是一种绝对的幼稚,总是想办法一次又一次地欺骗自己。其实,这些人之所以没有取得成功,或许就是因为为自己的失败找了太多的借口。

100多年前,美西战争即将爆发,为了取得战场上的主动权,美国总统麦金莱想找一名合适的送信人,把信送给古巴的加西亚将军。军事情报局向总统推荐了安德鲁·罗文。

罗文接到总统交给他的任务,立刻无条件地执行。路上丛林密布、山峦险峻、蛇毒攀缘、蚊虫叮咬、敌军穿梭,他积极想办法应对这些问题。3个星期后,罗文独自一人蹒跚而行,终于穿过危险之地,完成了这件几乎不可能完成的任务。

罗文在接到他的任务——"把信送给加西亚"后,没有提出任何的借口和理由,也没有问"为什么要送给加西亚?加西亚是谁?他在哪儿?为什么让我来送?",便接受了这项艰巨的任务。而在送信的过程中,他也没有找借口,只是积极地排除万难,最终顺利完成了任务。

有人说过:"失败的人之所以陷入失败,是因为他们太善于找出种种借口来原谅自己,也求得别人的原谅。"在这项艰巨的任务中,罗文表现出了英勇无畏

6　当好人生的导演——改变态度就能改变人生的高度

的精神和沉着冷静的作风，他积极想办法，灵活地应对各种突发事故。如果我们也能像罗文一样，遇到困难时不找借口，相信很多困难都能被克服。

如今，很多人都是借口专家，其中最容易脱口而出的借口就是"我以为……"。美国作家理查德·泰勒在《没有借口》一书中曾经说过这样一句话："你若不想做，会找到一个借口；你若想做，会找到一个方法。"这句话一语中的，形象地说明了成功者和失败者的差别。

借口，是一个掩饰弱点、推卸责任的万能器。将宝贵的时间和精力，放在一个合适的借口上，只能忘记了自己的职责所在，甚至还能扼杀人的创新精神。

一天，董事长在培训管理者时，很生气地说："告诉我，你们是谁？他们是谁？公司又是谁？"大家一听就愣住了，最后他说：在一个团队中，不能有"我"与"你"或"他们"的区别，应该站在集体的立场上，积极主动地承担责任，为团队问题出谋划策。只会推脱责任，是无法得到同事信任和支持的，自然也不能得到上司的信赖和尊重；而当所有人都去寻找借口，就为团队增加了沟通成本，削弱了协调作战的能力。

在现代社会中，有些人会寻找借口，把责任推给他人，例如"这是你们财务部如何如何""这是他们销售部如何如何""你们生产部如何如何"……好像工作和他没有任何关系，所有的错误都是别人的。

英国科学家达尔文说过："世界上最有价值的知识就是关于方法的知识。"把同样的问题摆在大家面前，主动寻找方法和积极解决问题，才是成功者应该具备的特征。只知道蛮干，一遇到问题就临阵脱逃，永远有说不完的借口，注定会成为失败者。

世界首富比尔·盖茨，几乎所有的人都知道，他是依靠软件称雄天下的，可是在创业最开始时，已经有很多电脑软件了。比尔·盖茨发明的Windows操作系统作为一种市场的新产品，当时要想在短时间雄霸市场，面临着诸多的困难。

为了推销 Windows 系统，比尔·盖茨跑过很多家电脑公司，但他们都对这个系统不抱有任何希望，认为并没有什么市场。但比尔·盖茨并没有因此气馁和放弃，他静下心来思考，努力完善自己的 Windows 系统。

之后，在一个偶然的机会下，他认识了当时 IBM 软件公司的董事长。于是，比尔·盖茨借机将这套操作系统推荐给了那位董事长。IBM 公司的董事长在看过 Windows 系统之后，认为这是一个可行的方案，于是决定和比尔·盖茨合作。而正是由于这次合作，微软最终成功占领了市场，而 IBM 公司也因此而获益良多。

和比尔·盖茨相比，失败者没有得到成功并不是因为他们的才能比不上比尔·盖茨，更不是因为他们抓不住机遇，而是因为他们不从自身找原因，而是想办法为自己开脱。

毫无疑问，最成功的人往往都是最重视寻找方法的人。出现了问题，不主动想办法加以解决，而是千方百计地找借口，做事就没有效率，久而久之必然会被命运淘汰；而面对出现的问题，积极主动寻找方法的人，终将会让自己脱颖而出。

借口，是成功路上的障碍；方法，是成功路上的高速通道。不为失败找借口，所表现的是一种负责的、敬业的精神，是一种服从、诚实的态度，同样也是一种完美的执行能力。因此，不要为问题找借口，要去找方法，才能把问题变为机会，把困境化为成功的加速器。

冷静处事，就不会乱了阵脚

冷静，是一种处世态度；慌张，也是一种处世态度。但不同的是，慌乱无措，只能让自己陷入更危险的境地；只有冷静下来，才有利于事情的解决。

2012年4月1日，81岁的美国人约翰·柯林斯驾驶"塞斯纳"414A型8座双螺旋桨飞机从佛罗里达州的马尔科岛起飞，打算跟80岁的妻子海伦飞回家过复活节。

约翰看了一眼仪表盘，还有7分钟就要到家了。想着可以在家过复活节了，约翰感到异常兴奋。突然，他感觉呼吸有些困难，两腿从上到下渐渐没了力气，眼见自己马上就要失去意识，他立刻将妻子海伦叫到了驾驶舱。之后，他用最后一丝力气解开安全带，然后瘫坐在座椅上。

海伦想重新给约翰系上安全带，却发现他已经昏迷。海伦想了很多办法，也没能唤醒丈夫。海伦没有恐慌，而是平静地从丈夫手中接过飞机操纵杆，自己驾驶飞机飞行。

傍晚时分，飞机燃料马上就要耗尽，情况万分危急，海伦呼叫了警方调度员，众人一起为她提供帮助。海伦的儿子詹姆斯也是飞行员，通过无线电，他与母亲取得联系。同时，飞行员罗伯特·武克桑诺维奇驾驶另一架飞机升空，接近了海伦，通过无线电指挥她。

海伦三次尝试降落，都没有取得成功。第四次降落时，由于用力过猛，飞机前起落架损坏。之后她把住方向舵，让飞机保持正直，飞机在跑道上滑行了约300米后终于停了下来。

当地面指挥人员得知飞机上唯一的飞行员已经昏迷，只剩下一位80岁的老太太，独自一人操控着这个大家伙飞了一个小时时，都感到非常惊讶。更令人惊异的是，海伦最后仅凭一个发动机就顺利降落，而即使是接受过专业训练的飞行员也不见得能做到这一点。最终，人们不得不感叹：因为她比地面上的任何人都冷静，所以才能取得这番令人折服的成就。

冷静，是一个人在特定场合下内心所持有的一种沉稳。只有抑制住焦虑、冲动等不良情绪，才能沉着应对，找到问题所在，并及时冷静应对。正如人们常说："遇事要冷静，紧要关头只有冷静救得了你。"

冷静，是一种审时度势的气度。在关键时刻，仍然保持冷静，能够让人作出更好的决策，将局势转危为安，甚至反败为胜。

有个青年人20岁，由于家庭贫困，为了供妹妹读书，他只好辍学到工地挖隧道。没想到，第一次走进隧道，就遇到了岩石塌方。局面顿时乱作一团，有人放声哭，有人想往岩石上撞，近乎疯狂。青年人也差点控制不住自己，刹那间他想了很多，首先想到了死——可是如果自己不在了，妹妹就没法上学，父母也会悲痛欲绝。

他顿时镇静下来，决定先试着控制局面。他努力使自己的声音变得很沉稳："我是新来的工程师，如果想活命，就听我的。"黑暗中，其他人都渐渐安静下来。接着，他又向被困的四个人发号施令："一、你们必须听我指挥；二、外面肯定在组织救援，但需要时间；三、休息睡觉，即使累死了，也搬不动那千斤重的大石头；四、隧道里到处都是水，有水就能活十几天。"不过，他还隐瞒了两件事情：一、进隧道时他带了两个馒头；二、他有一个电子表，可以掌握时间。

三天时间很快过去，隧道里依然沉默阴暗，没有一丝光亮。青年人取出一个馒头，分给大家吃。第五天，隧道隐约传来了钻机风镐的轰鸣。青年人听到后，立刻将最后一个馒头分给了大家,然后大声命令大家一起拿起工具拼全力往巨石上敲击……终于,他们得救了。

劫后余生的几个人躺在病床上,这时候他们才知道,那个沉稳威严的"工程师"竟然是个刚来的毛头小伙。他们觉得不可思议,但青年人却笑着对他们说:"紧要关头,只有保持冷静,才能救得了自己。"

生活中,难免遇到突如其来的变故,慌乱无措,只能徒增烦忧,甚至是让事情雪上加霜;只有让自己的心安静下来,以静制动、以不变应万变,才能找到解决问题的良策。而遇事不冷静,很容易让事情走向反面。

70多岁的郭老头靠养羊为生。一天晚上10点多,郭老头听见了院里传来的狗叫声,想去院子里看看,但当他推门的时候,却发现家门已经被别人从外边锁上了。

郭老头悄悄地从窗户翻到院子里,发现羊圈中的羊少了一只。郭老头非常生气:谁这么大胆子,竟然偷老子的羊?想到邻居一直都跟别人合伙在夜间宰羊,他就怀疑自家的羊被邻居偷走了。

丢失羊的痛苦与愤怒让郭老头失去了理智,他冲进厨房里拿起菜刀,二话不说就到邻居家踢门。当时邻居正好在煮羊头,看到这个情景,郭老头怒火中烧,向对方的脖子和脑袋砍了三刀,而后又气冲冲地回了家。

事后经过调查,羊并不是邻居偷的,但邻居却被砍伤了,所以郭老头因故意伤害罪而被判处有期徒刑一年零六个月,缓刑两年。

生活中出现各种各样的小矛盾,都可以通过多种途径来化解。任性而为,意气用事,不仅无益于事情的解决,还会让自己走向极端,更会触碰法律的底线。

遭遇人生际遇的落差,处于低谷时,要学会安之若素、冷静面对,这样才能给人生这道独特的风景线增添一抹亮色;否则,暴怒取代冷静、愤懑取代平和,只能让事情雪上加霜。

激活生命的光芒
——像优秀的人那样思考

 0.01秒

因循守旧，只能故步自封。生活就像是一条长河，到了"山穷水尽"时，只要随机应变、另辟蹊径，就会看到"柳暗花明"。

只有灵活动脑，不断创新和超越，才能让自己拥有更加强大的竞争力，也才能让自己在机遇和风险中立于不败之地。

梦想，是一种富有诗意的憧憬。对于很多人来说，最重要的并不是获得金钱、名利、地位，而是让自己内心深处保留那个永恒的念头。

7 激活生命的光芒——像优秀的人那样思考

主动变通才能赢

古往今来，中规中矩生活的人，很难有很高的成就；凡是取得巨大成功的人，除了具有超越常人的远见外，还具备另一个特质——懂得变通。

懂得变通，就是对待同一件事，能够用一种新的思维方式来解决。生活就像一条长河，到了"山重水复疑无路"时，只有随机应变、另辟蹊径，才能看到"柳暗花明又一村"的美景。

吸烟时，裁缝不小心把一条材质上乘的裙子烧了个洞，裙子变成了残品。为了挽回损失，裁缝凭借着自己高超的技艺，在裙子的四周剪了很多窟窿，再加上精心修饰，做出了凤尾裙。最后，这条裙子不但卖了个好价钱，还一传十、十传百，让众多女士上门求购，裁缝店的生意也越做越红火。

裁缝不小心用烟头将裙子烧了个洞，可是他能够换一种思维来看待，对裙子进行了改变，不仅将裙子卖了出去，还让这款裙子成了畅销品。由此可见，变通确实是一门绝佳的艺术，可以为我们创造出更多的机会。

古训有言："穷则变，变则通。"水随形而方圆，人随势而变通。水，正是因为无形，所以才能随着承载它的器皿变化而变化。为人处世，就要像水一样，懂得适时变通，这样才有利于事情的解决。

一天，一个犹太人走进了纽约的一家银行，来到贷款部。他西服豪华、皮鞋高级、手表昂贵，还有镶宝石的领带夹，旁若无人地坐下来。

贷款部经理一边打量着他，一边问："请问，先生有什么事情吗？"

犹太人回答说："我想跟贵银行借些钱。"

经理爽快地答应："行，你要借多少？"

犹太人回答："1美元。"

经理不解地问："只要1美元？"

犹太人："是的，只借1美元。难道不可以吗？"

经理："当然可以，只要有担保，多点也无妨。"

犹太人："这些担保可以吗？"犹太人从豪华皮包里取出一堆股票、国债等，放在经理写字台上："总共50万美元，够吗？"

经理："当然。不过，你真的只要借1美元吗？"

犹太人："是的。"

经理："年息为6%。您只要付出6%的利息，一年后归还，我们可以就把这些股票和国债等还给你。"

犹太人："谢谢。"

犹太人说完，准备离开银行。

一直在旁边观看的分行长，怎么也弄不明白，拥有50万美元的人怎么会来银行借1美元？他慌慌张张地追上前去，对犹太人说："啊，这位先生……"

犹太人："有什么事情吗？"

分行长："我实在弄不清楚，你有50万美元，为什么只借1美元？即使你借三四十万美元的话，我们也很乐意……"

犹太人："请不必为我担心。我来贵行之前，已经问过了几家银行，他们保险箱的租金都很贵。所以，我就准备在贵行寄存这些股票。租金实在太便宜了，一年只需要花6美分。"

贵重物品的寄存，按常理都应该放在金库的保险箱里。对许多人来说，这貌似是唯一的选择。可是，犹太商人没有困于常理，而是另辟蹊径，找到了把证券等锁进银行保险箱的办法，但显然这样更为可靠、保险。

通常情况下，人们都是为了借款而抵押，总希望以尽可能少的抵押争取到尽到可能多的借款。而银行为了保证贷款的安全或有利，从来都不会让借款额接近抵押物的实际价值，所以只会规定借款额的上限，根本就不会规定下限。因而，这个犹太商人反其道而行之，以小代价换取了最大的保险，这正是他懂得变通的聪明。

社会瞬息万变，而一成不变的人，必然会被淘汰。因而，遇到疑难的时候，一定要懂得变通，绝对不能太死板，要懂得具体问题具体分析。

不同的思维，会产生不同的结果。当你眼中有泪时，灵活变通，可能就会得到快乐；如果前面就是悬崖，不赶快掉头，难不成还想直接跳下去？永远不要被自己的经验束缚了头脑，一定要积极想办法。因为，只有学会变通，才能得到快乐人生。

春秋时期，秦国有个人叫孙阳，因为一眼就能辨认出是好马还是劣马，所以人们都称他为"伯乐"。伯乐写了一本《相马经》，并画上了各种马的图，用以记载他相马的本领。伯乐有个儿子，不如他一样聪明，但却想成为他这样厉害的人。于是，伯乐的儿子将《相马经》背得很熟，此时他认为他的本领像他父亲一样高超了。

一天，伯乐的儿子在路边看到一只癞蛤蟆，他想起《相马经》里一句话：额头高、眼睛亮、蹄子大，就是好马。再看这只癞蛤蟆，除了蹄子稍微小点，其他特征倒是很符合"好马"，于是他将癞蛤蟆抓回了家，并兴奋地对伯乐说："父亲快看，我找到了一匹好马！"伯乐知道儿子愚笨，哭笑不得地说道："你这只马太爱跳了，不好骑啊！"

这就是成语"按图索骥"的出处。伯乐的儿子根据语言和图画来找好马,结果错将癞蛤蟆当作马带回了家,很显然,他就是不知道变通,不能将理论的知识转化成实际的应用,自然也不能找到真正的好马了。

萧伯纳曾说:"明智的人会自己适应世界,而不明智的人则会让世界适应自己。"只有积极动脑,懂得求变,才能跨越生命中的很多障碍;而不会变通的人,无论做什么,都会四处碰壁,孤立无援。

易事其实也是难事,关键在于变通。拥有好思路,就可以开辟一条出路;只要一个小改变,就会看到很漂亮的风景;只要学会灵活处世,就可以做到进退无碍;只要坚持一份创新,就可以得到一次新生……变,是成功永不褪色的法宝。

墨守成规，焉能实现超越？

行走在人生之路上，总会遇到一些意料之外的困境。穷途末路时，只要灵活处之，就能发现旁侧的蹊径，采用迂回前进的方法，从而顺利到达自己的目的地。

法国科学家法伯曾做过这样一个实验：

他将毛毛虫摆在花盆的边缘上，让其首尾相接，围成一团。同时，在距离花盆几寸远的地上，摆放一些毛毛虫爱吃的松针。毛毛虫前后紧挨着围着花盆一圈一圈地走，走了七天七夜，又累又困，力竭而死。法伯在他的实验笔记上做了这样的记录："其实，在众多毛毛虫中，只要有一只突破思维，就能有效避免死亡的命运。"

毛毛虫的结局，就在于墨守成规。在我们在为毛毛虫感到悲哀时，其实想想看，我们的人生不也是这样一个圆吗？我们习惯于跟着别人走，总是偏执地觉得大多数人走过的路都不会错，很少有人会想到："走别人没有走过的路，反而更容易到达目的地。"其实，只有灵活动脑，不断创新和超越，才能让自己拥有更强大的力量，让自己抓住机遇，即使遭遇风险，也会立于不败之地。

在紧邻的两座山上，分别建有一座庙，里面住着和尚甲跟和尚乙。两山之间有一条小溪，他们二人每天都会在同一时间下山到溪边挑水，久而久之就成了好朋友。时间一过就是五年。

一天，和尚乙没有下山挑水，和尚甲觉得他大概睡过头了，便没太注意。可是，第二天和尚乙依然没有下山，第三天同样如此。

一个月后，和尚甲终于忍受不住疑惑，他想："朋友可能生病了，我要过去拜访他，看看能帮上什么忙。"于是，他便爬上了临边的山。

和尚甲看到老友时大吃一惊，因为人家正在庙前打太极拳，一点也不像生病的样子。他好奇地问："你已经一个月没有下山挑水了，难道不用喝水？"

和尚乙说："来来来，我带你去看。"他就带着和尚甲走到后院，指着一口井说："五年来，我每天做完功课后都会抽空挖这口井，即使有时很忙，也会挖，能挖多少就算多少。如今终于让我挖出了井水，不用再费力下山挑水了，练习太极拳的时间也就更多了。"

按照和尚甲的思维，要想喝水，就得到小溪里打水。可是，和尚乙却另想办法，亲自打了一口井。这样，就减少了下山挑水的劳顿。坚持已有的思维，每天下山挑水，看起来省时省力，其实是最笨的办法。这就是墨守成规的一大坏处——浪费时间、耗费体力。

阻止人们进步的最大障碍，并不是未知的东西，而是已知的东西。某些经验虽然也在过去帮助过我们，但也很容易成为诱人的陷阱和前进的羁绊。世上万物都不是一成不变的，即使是好的经验也需要不断创新。经验，只适合于当时的某事某地，当环境变了，人们依旧墨守成规、懒于创新，不但无法让事情得到改善，反而会带来更多的麻烦。

百事可乐公司自1902年问世以来，跟可口可乐公司斗争了几十年。可口比百事先上市13年，几十年来，百事一直都处在被动挨打的位置，直到20世纪80年代双方才变得势均力敌，结果厮杀得更加激烈。当时，百事的总裁罗杰为了激励自己，总会想起"两个和尚过河"的故事。

7 激活生命的光芒——像优秀的人那样思考

一天，和尚师兄弟二人打算一起到另一座庙去，途中，一条河挡住了他们的去路。河上没有桥，但水不算太深，完全可以蹚过去。就在他们正打算过河的时候，一个漂亮女子赶过来，说："我遇到了急事想过河，河水这么大，会不会将我冲走？"

看到女子这样担心，师兄心里一阵好笑，水这么浅，还能冲走？可是，他却没有表现出来，而是毫不犹豫地背起女子，涉水过河，将她好端端地送到了对岸。师弟紧跟其后，也顺利地过了河。之后，两个人默不作声地继续赶路。

走了一段路后，师弟终于按捺不住了，问师兄："师兄，和尚不能近女色，刚才你为何犯戒背那个女子过河？"师兄回答："我一过河就将她放下来了，你怎么走了好几里路，现在还背着她？"

墨守成规，永远都是前进之路的绊脚石，而真正的成功者，身上往往都流着叛逆的血。要想让自己获得长远发展，就要改变。路，不止一条，只有灵活想办法，才能不断实现超越，比别人快一步到达终点。

第一次世界大战后，为了防御德国和意大利入侵，法国军方不断研究。1940年，法国国防部长马其诺在法德和法意边境初建成了一系列防御工事，即举世闻命名的"马其诺防线"。

马其诺防线全长约700公里，由一组组相互独立的防御工事群构成。每组工事都包含一个主体工事和观察哨所，相互之间可以用电话联系，工事外面还密布着铁丝网，可谓是固若金汤。而且，内部储存着大量的粮食和燃料，起码能坚持3个月。发生战事时，各观察哨可以用潜望镜观察敌情，通过电话的方式报告给指挥部；炮塔内的炮兵，待在3米厚的水泥工事中，可以按照指挥部的命令去开炮。

这个防御工事看起来登峰造极，可是依然没有挡住德国法西斯装甲化部队。1940年5月，德军翻越阿登山区，经比利时绕过马其诺防线，迅速占领了法国全境。

沉溺于旧日的辉煌，最终只能自取灭亡；只有灵活应变，懂得创新，才能跟上时代的脚步。鲁迅先生曾说："这世上本没有路，走的人多了，也便成了路。"因此，只有打破规矩、走别人没有走过的路，才更容易成功；只有敢于超越世俗、跨越圆圈，才能收获更多果实。

有梦想的你，肯定会了不起

眼界的高低，决定着一个人的成功与否。拥有梦想的人生必然是多姿多彩的，可以给自己带来无限的希望与憧憬，能让一个人激情洋溢地活着。面对相同的生活环境，拥有梦想的人一定会高瞻远瞩，远远领先于别人。因为，有梦想的你，会很了不起。

有个男孩住在贫民区的一所破房子里，7个兄弟姐妹中，他是最瘦弱的，经常感冒发烧。男孩似乎缺乏学习天赋，成绩也是7个孩子中最差的。

一天，男孩看电视的时候，无意中看到一个节目，介绍的是伟大的高尔夫运动员尼克劳斯，男孩的心被打动了："我也要像尼克劳斯一样，长大之后当个伟大的职业高尔夫运动员。"

男孩将自己的梦想告诉了父亲，想让父亲给他买高尔夫球和球杆，可是父亲却说："孩子，我们家玩不起高尔夫球，那是富人们玩的。"男孩不答应，吵着要。

母亲抱着他，对父亲说："我相信儿子，他一定会成为优秀的高尔夫球手。"说完，母亲转过头来，柔声说："儿子，等你成为优秀的职业高尔夫球手后，给妈妈买栋别墅，好吗？"男孩睁大眼睛，向母亲重重地点点头。

既然买不起，那就做一个。于是，父亲就给男孩做了一个球杆。之后，在家门口的空地上挖了几个洞，男孩每天都会用捡来的球玩上一会儿。

升入中学后，体育老师里奇·费尔曼发现了男孩的天赋，建议他到高尔夫球俱乐部去练球，并帮他支付了 1/3 的费用。仅 3 个月，男孩就成了奥兰多市少年高尔夫球的冠军。

高中毕业后，男孩幸运地被斯坦福大学录取。暑假期间，一个同学来他家玩，说："我哥他们旅游公司有一艘豪华游轮正在招服务生，薪水很高，每周 500 美元，你愿意应聘吗？"男孩动心了：家里这么贫穷，自己应像个男人一样养家。

几天后，里奇·费尔曼来到男孩家，他已经帮男孩联系到一家高尔夫球俱乐部。男孩不好意思地将自己要工作的决定告诉了老师。里奇·费尔曼想了想，问他："你的梦想是什么？"

男孩愣了一下，似乎有些措手不及。过了好一会儿，他才红着脸说："我想当一个像尼克劳斯一样的高尔夫球运动员，挣很多钱，给母亲买一栋漂亮的别墅。"里奇·费尔曼听完，对他说："你现在去工作，那么你的梦想呢？不错，你立刻就可以每周挣到 500 美元，但是你的梦想就只值这点钱吗？"

老师走后，男孩呆呆地坐在屋子里，反复思考着老师的话。最后他决定放弃工作，实现梦想。整个假期，他都全身心地投入到了训练中。3 年后，男孩成了一名职业高尔夫球手，不断地刷新着高尔夫球神话：1999 年，13 场比赛 9 次夺魁，年末时排名世界第一；2000 年和 2001 年，除诸多锦标赛和公开赛的冠军外，他还获得了劳伦斯世界体育奖最佳男运动员奖；2010 年，在自己做东的世界挑战赛上，他于最后一轮打出低于标准杆 3 杆的 69 杆，总成绩反超扎克·约翰逊，获得冠军；……

男孩实现了自己的愿望，为母亲在不同地区一共购买了 6 栋别墅，他就是"老虎"伍兹。

梦想，是一种富有诗意的憧憬。对于很多人来说，最重要的并不是获得金钱、名利、地位，而是内心深处那个永恒的念头。

7 激活生命的光芒——像优秀的人那样思考

建筑工地上，三个工人在砌一堵墙，这时候一个人走过来，问他们："你们在干什么？"第一个人说："在砌墙。难道你没看到？"第二个人笑了笑，说："我们在建高楼。"第三个人开心地说："我们正在建一个美丽的城市。"10年后，第一个人依然在砌墙，只不过是换了一个工地而已；第二个人成了工程师，不用到外面日晒雨淋了；第三个人则成了他们的老板。

每个人都拥有无限的成功潜能，你羡慕的那些成功者，其天赋可能并不比你出众多少，背景也可能不会比你更优秀，只不过是他们心中怀有梦想，从而激发了自己的潜能而已。所以，不要羡慕他人，因为别人可以做到的，你一样能够做到，只要心中有梦想。

马云说："作为一个创业者，首先要给自己一个梦想。1995年我偶然到了美国，然后看到并发现了互联网。我对技术几乎不懂，到目前为止，对电脑的认识还停留在收发邮件和浏览页面上。但是这并不重要，重要的是你到底有什么梦想。"确实如此！一个人可以一无所有，但梦想却不能丢。想要取得未来的成功，首先就要确定自己喜欢的是什么，然后根据自己喜欢的确定一个梦想，然后努力去实现它。

李伟出生于1980年，当他还是个孩子时，他就拥有一个很大的人生理想。开始时，李伟听家里的建议，考取了国家公务员。可是，工作了几年之后，他觉得自己更适合创业。为了自己的梦想，他便辞去了稳定的工作。

李伟的辞职十分突然，父母很不理解，但依然选择了接受和支持。如今，李伟的公司已经成立3年，公司运行已经十分稳定。

正因为有了梦想，才让我们变得伟大。心中拥有梦想，就会不断努力，就会不断学习。成功者都是大梦想家：不管是在冬夜的火堆旁边，还是在阴天的雨雾

中，他们总是梦想着未来。在之后的实践中，只要细心培育、维护，安全渡过困境，就能迎接到光明和希望。

有梦想的你，肯定会了不起。拥有梦想，不一定成功；可是没有梦想，必然不会成功。梦想从来不会抛弃那些苦心追求它的人，只要不停地追求，终将会沐浴梦想的光辉。

7 激活生命的光芒——像优秀的人那样思考

提出问题比解决问题更重要

1938年,爱因斯坦在《物理学的进化》中说:"提出一个问题往往比解决一个问题更重要,因为解决一个问题也许是一个数学上或实验上的技巧问题。而提出新问题、新的可能性,从新的角度看旧问题,却需要创造性的想象力,标志着科学的真正进步。"提出问题、分析问题、解决问题,是人们处理事物的方法。所以,从某个角度来说,提出问题也就成功了一半。

古人云:"学贵有疑,小疑则小进,大疑则大进。"因为有"疑",才会有进步。成功的人往往都喜欢思考,喜欢经常问"为什么",而且也很关注别人提出的问题。

1921年,印度科学家拉曼在英国皇家学会上作了声学与光学的研究报告,之后从地中海乘船回国。在甲板上漫步的时候,一对印度母子的对话引起了拉曼的注意。

孩子:"妈妈,这个大海叫什么名字?"

母亲:"地中海。"

孩子:"为什么叫地中海?不叫其他名字?"

母亲:"因为它正好位于欧亚大陆和非洲大陆之间。"

孩子:"为什么是蓝色的?不是绿色的?"

孩子的问题越来越难,母亲不知道该如何回答。

认真倾听他们谈话的拉曼,走过来告诉男孩:"海水之所以是蓝色的,是因

~117~

为它反射了天空的颜色。"

在此之前，几乎所有的人都认可这一解释。但不知为什么，在告别了那对母子之后，拉曼对自己的解释心存疑惑。那双求知的大眼睛，那些源源不断涌现出来的"为什么"，使拉曼深感愧疚。

拉曼回到加尔各答后，立刻着手研究"海水为什么是蓝的"这一问题。研究之后他发现，原来的解释证据不足，无法令人信服，于是他决心重新进行研究。

拉曼从光线散射与水分子相互作用入手，运用爱因斯坦等人的涨落理论，得到了大量数据，最后得出了著名的"拉曼效应"。1930年拉曼登上了诺贝尔物理学奖的奖台，成为亚洲史上第一个获得此项殊荣的科学家。

生活中到处都有机会，只有提出问题，并深入思考和研究，才会得到满意的答案，取得骄人的成就。自古至今，很多人都曾被树上落下的苹果砸中，但只有牛顿最先发现了这个问题，并进行了分析和研究，最终发现了著名的"万有引力"。

弗·培根说过："多问的人将多得。"世界著名的日本本田汽车公司，为了找到问题出现的原因，曾经使用过提问创造思维，使问题得到了根本解决。

有一天，一台机器突然停了。管理者立刻把大家召集起来，提出了一系列提问。

管理者问："机器为什么不转了？"

工作人员答："保险丝断了。"

管理者问："保险丝怎么会断？"

工作人员答："电流超负荷。"

管理者问："为什么会超负荷？"

工作人员答："轴承枯涩，不润滑。"

管理者问："为什么轴承不润滑？"

工作人员答："油泵吸不上润滑油来。"

7 激活生命的光芒——像优秀的人那样思考

管理者问:"为什么油泵吸不上来油?"
工作人员答:"油泵磨损严重。"
管理者问:"为什么油泵会产生严重的磨损?"
工作人员答:"油泵没有装过滤器,混入了铁屑。"

在这段对话中,管理者用"为什么"进行提问,连续用了6个"为什么",使问题得到根本解决。在这些提问中,如果在第一个"为什么"解决后就停止追问,直接换上保险丝,相信用不了多长时间,保险就会断,因为问题没有得到根本解决。在解决问题时,要多问几个为什么,做到"追根问底",才能消除潜在的隐患,从根本上解决问题。

思考力,比知识更重要。我们可能无法记住一大堆东西,但可以灵活地思考。遇到麻烦时,多提出疑问,有助于全面剖析原因所在,从而找到快速、有效的解决办法;此外,还能提高自己的思维和认知能力,有益于触类旁通。

小刘硕士研究生毕业,口才不错,很健谈。他求职的目标,就是地产策划。一次,小刘在本地的一家大型房地产公司求职,面试官问他:"对于本公司的情况,你能否还有问题要问?"小刘侃侃而谈,说了房地产行业的走向,还有自己对公司的认识,以及怎样让企业目标与自己的个人目标相统一。面试官听后,对小刘很满意,当场录取。

有一个资深的HR曾经说过这样一段话:"在几十年的职场生涯中我面试了无数人,每当我问完所有的问题后,一定会问对方有什么问题要问我。一般在面试过程中,我问问题,应聘者的回答只占了整个面试分数的50%;而应聘者提出的问题质量,占了另外的50%。'我没什么问题要问的'是最差的回答,找工作是一件严肃的事情,需要认真对待,怎么可能没有问题?没有思维的脑子,怎么可能干好工作?"

其实，从面试者所提问题的深度，就可以看到对方的思维层次。因此，要想给面试官留下好印象，就要有针对性地提出一些跟公司相关的问题，并自信地和面试官探讨、请教。

工作中，我们总想知道如何找到答案，却很少有人知道如何去发掘问题。科学的逻辑起点是问题，人类的进步就是不断提出问题并分析解决问题的过程。学习如何提问，是每个人都应当学会的技巧；知道了发问的具体方法，也就等于成功了一半。

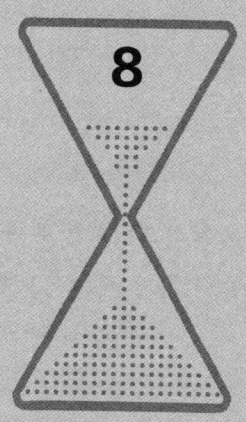

不断地积蓄能量
——人生要耐得住寂寞

沉湎于过去，陶醉于未来，都是生活的毒药。昨天已经过去，明天还没到来，能够紧紧抓住的，只有今天。不念过去，不畏将来，活在当下，才能过好每一天。

一时间没有找到适合自己的工作，可以在其他工作中磨炼自己、升华自己，等待机遇。放弃自己的专长、上进心和理想，无异于是一种毁灭。只有锻炼自己，才能创造机会。

积累是源泉，是力量。它需要勇气，也需要智慧，更需要毅力。只有踏踏实实地积累，才能有实实在在的收获。

8 不断地积蓄能量——人生要耐得住寂寞

耐得住寂寞，认真过好每一天

每个人都希望通过自己的努力实现梦想，但最终能够成功的人却寥寥无几，而这些人则大多是能够耐得住寂寞的人。著名历史学家范文澜曾经告诉我们："坐得冷板凳，吃得冷猪肉。"因此，要想实现自己的梦想，就要敢坐冷板凳，就要耐得住寂寞。

在日本，有两个人都是一流的剑客，他们是师徒关系。徒弟拜师学剑时，两人之间曾有过这样一段对话：

徒弟问："我想成为一名出色的剑师，努力学，大约需要多长时间？"

师父答："一辈子。"

徒弟问："如果我当你忠诚的奴仆，需要多长时间？只要你愿意教我，吃再多苦，我也愿意。"

师父答："10年。"

徒弟问："老父亲年龄已高，过不了多久，我就得照顾他。如果我更加卖力地苦学，需要多长时间？"

师父答："30年。"

徒弟问："一会儿说10年，一会儿又说30年，为什么会这样？我想在最短的时间内精通剑术。"

师父答:"欲速则不达,急功近利的人都是这样。抱着这种心态,至少得要70年。"

徒弟终于明白是自己太心急了,便静下心来拜师学习。训练开始了,可师父对他的要求却出乎意料:让他做饭、洗衣、打扫卫生,不许他提剑术。3年之后,依然在做这些看似毫无意义的事情,徒弟对自己的前途很担心。

一天,徒弟做事的时候,师父悄悄地走到他背后,用木剑重重地击了一下。第二天,徒弟不防备的时候,师父又出其不意地进行了偷袭。从那以后,为了预防师父的偷袭,徒弟每时每刻都得保持高度的警觉。就这样,经过多年的练习,徒弟终于学习圆满,成为全日本最厉害的剑术高手。

明天是成功,还是落魄?没人能说清楚。但只有经得住今天的寂寞,再加上潜心的修炼,才能迎来美好的明天。正如《泰坦尼克号》中杰克曾说:"享受并珍惜每一天,才能获得真正的幸福。"

今天的太阳已经冉冉升起,何必为了昨天的落日而感伤?昨天已经过去,明天还没到来,能够把握的只有今天。不念过去,不畏将来,耐得住当下的寂寞,就能过好每一天。

小李对小王诉苦说:"在公司,我做的成绩都被同事拿去邀功,更过分的是,有些同事公然在老板面前指责我工作没做好。其实,在工作上我比他们任何人都要强。只不过,这些人每天都围着领导转。领导不在时,工作都是我的;领导来了,一个个开始叽叽喳喳地表功,就把我挤到一边了……"

小王安慰他说:"只有真正完成工作的人,才能全面地将工作进度说出来,才能知道成效和存在的问题。现在你做的事情,大家都可以轻而易举地把工作内容说出来,说明工作并不难,谁都能做,所表之功也是小功。你应该把事情做好,让大家在业务上依赖你。活在眼下,耐得住寂寞,脚踏实地地工作,过好每一天。相信日后,不管是你的地位,还是在大家心中的形象,都会自然上升。"

一段时间之后,公司下发了一个大任务给员工,结果那些只求邀功的人没耐心做,只是草草了事;而只有小李做得井井有条,而且在汇报工作时说得头头是道。由于小李的出色表现,公司也将他的职位提升了。

领导者一般都有着丰富的管理经验,能够看清你的任何小伎俩,只是他们大多数不表达自己的意见而已。只有耐得住寂寞的人、认真完成工作的人,才能入得了领导的法眼。与其和别人钩心斗角,不如静下心来做好自己的事情。毕竟,为了自己的理想,我们还有更多的技能要学,还有更长的路要走。

一个不知名的画家很仰慕画家柯罗,就拿着自己最好的作品去请大师赐教。柯罗耐心地挑选出了画中的几处缺陷,年轻画家感激地说:"等明天,我一定按您指教的去改。"柯罗听后,语气有些激动地说:"为什么不是今天?如果你今晚就死了呢?"

有人曾说:"人来到这个世上是个偶然,而走向死亡是个必然。"因而,只要活一天,我们就应当用心感悟生命,将每天都当成生命的最后一天来过,认真做好今天的事情,过一个充实而又难忘的今天。

别在急躁中沦为寂寞的俘虏

遇到事情的时候，有些人就开始担心自己吃亏，害怕自己上当受骗，担心自己的利益受损……每每这时，情绪就会变得急躁不安。当内心充斥着急躁的情绪时，人就容易冲动，往往会做出一些傻事，甚至是不可挽回的错事。而只有冷静应对，才有利于事情的解决，甚至能够化被动为主动。要知道，冲动是魔鬼，尤其是一个人时，千万不要在急躁中沦为寂寞的俘虏。

唐代名臣裴度在担任中书令期间，一次跟几个属下一起喝酒。突然，手下气喘吁吁地跑来说："大人，您的官印不见了！"

属下一听，都跟着着急，有人甚至站起来要出去找。可是，裴度却一点都不着急。他微微一笑，对大家说："官印怎么能丢？一定是放在什么地方忘记了，等想起来了自然就会找到。咱们还是继续喝酒吧。"于是，酒桌上又响起了碰杯、饮酒的声音。而裴度跟大家谈笑风生，好像这件事根本就没有发生过，众人也渐渐恢复了平静。

深夜，众人酒足饭饱，正打算散去。这时，手下又急急忙忙跑过来汇报说："官印还在，没有丢。"大家都不明白是怎么回事，裴度笑着说："我觉得，可能是下面哪个小官拿走官印私用了。兴师动众地查，他一害怕，可能会直接将官印扔到水中或火里，那时就真找不到了。暂时不处理，他就会悄悄地把官印送回来。"众人听了，都啧啧叹服。

8 不断地积蓄能量——人生要耐得住寂寞

冷静处事，既是一种做事的心态，也是一种智慧和境界。每件事的发生都有一定的道理和规律，有时只要冷静地思考，换一种方式来考虑问题，就很容易找到最佳的办法；相反，越是着急浮躁、越是大张旗鼓，越是无法认清事物的本质，也就不能从中找到解决良方，而事情也只能是越演越糟。就如裴度一样，如果他没有保持冷静，而是派人劳师动众地去寻找官印，恐怕就不会有失而复得的事儿了。

有一个技艺高超的走钢丝演员，准备在不佩戴保险的情况下进行一次惊险表演。那天，他站在距地面16米的高空。钢丝微微颤抖，他的双脚像磁石一样吸附在钢丝上，一米、两米……抬脚、转身，所有的动作就仿若行云流水一般。忽然间，他停止了所有的动作。助手瞬间意识到他可能遇上了麻烦，额头渗出了细密冷汗。但经验丰富的助手知道，此刻绝不能跟他说话，否则他的注意力就会分散，以致出现难以想象的后果。

时间一秒一秒地过去，终于在一段时间后，演员恢复了正常，助手也如释重负。到达地面后，演员一把抱住助手说："兄弟，谢谢你。"助手错愕，说："天哪，我不知道你在空中发生了什么？"

演员告诉助手说："亲爱的兄弟，这简直就是魔鬼的恶作剧。刚才一阵微风吹下了屋顶的灰尘，迷了我的眼，那一刻我什么都看不见。我的第一个念头就是今天命该如此，但我又不甘心，就对自己说，应该坚持。我在心中一秒一秒地数着，刹那间我感到泪水来了。这股救命的圣水，很快就把灰尘冲了出来。但是，如果你那时喊我一声，我必然会分心或者依赖你的救助，必然会发生致命的危险。"

任何一个人都不是弱者，我们从小到大所积累的经验，足以让我们具备处理绝大多数事情的能力，这就是我们的潜能所在。因此，面对任何一个困境和挫折，哪怕是威胁生命的时刻，我们也应该摒弃急躁的情绪，冷静应对，因为它能帮我们找到那一线生机。

当然，生活中的困境并不止于此，毕竟人生路总是磕磕绊绊的。但我们需要做的是，不畏艰难，于浮躁中学会沉淀，不断磨炼自己、升华自己，并在这个过程中等待机遇。

谭传华只用一把小小的木梳，就打开了他的商业市场，拥有了"谭木匠"品牌，最后成功变成了一个企业家。后来，谭传华变得有些膨胀和浮躁。因为浮躁，他有过一次失败的投资。

那一次，在朋友的怂恿下，谭传华投资250万元拍摄方言电视剧《爬坡上坎》。那年春节前，很多电视台都在打电话预订这部电视剧。可是，为了找到更大的买家，谭传华决定再等等。结果春节过后，这部电视剧却无人问津了。最终，谭传华只能以150万元的价格将电视剧卖了出去，一下子损失了100万元。

通过这件事，谭传华察觉到了自己的浮躁。再三考虑后，他为自己定下了方向：不能走"多元化"发展道路，要专心于治木特长。最终，谭传华取得了成功。

急躁是一种情绪，是成功路上的绊脚石，是人生最大的敌人。它不仅会消磨人的意志，让人感觉麻木；还会让我们好高骛远，失去平衡，甚至迷失方向；也会让我们失去思考的能力，人云亦云，走马观花；甚至会让我们变得得意忘形，失意烦忧……能够耐得住寂寞的人，才是最后那个成功的人。

从我们呱呱坠地的那一刻，父母就都告诉我们：做人要踏实本分，要三思而后行。课堂上，老师总在教育我们：学习要谦虚、勤奋，力行近乎仁。这些言传身教，就是让我们于急躁中懂得踏实，于浮躁中习得耐性。

8 不断地积蓄能量——人生要耐得住寂寞

低头忍耐，方能大展宏图

古人有云："小不忍则乱大谋。"在古人眼中，"忍"是一种智慧。很多人可能觉得，"忍"代表着懦弱，也是一种愚蠢。可是，从古至今，那些锋芒毕露、冲动鲁莽的人，总是在自己最为璀璨时坠落；而那些懂得忍耐的人，则总能在关键时刻大展宏图。

忍耐，是人生的大智慧。年少时懵懂无知、桀骜不驯，只有饱尝各种碰壁之苦、历经各种苦难，才会懂得有时要低头忍受，这样才能拥有一片更加宽广的天地。退一步海阔天空，并不是一退再退，只为了最后的完美翻身。

人生不如意十有八九，很多的事情都需要忍耐，而这些事情也是我们成功路上需要付出的代价。

公元前 496 年，长江下游的吴国和越国爆发了一场战争。越王勾践任范蠡为军师，打败了吴军，年老的吴王也因伤重而亡。

在吴国首辅大臣伍子胥的帮助下，夫差登上了王位。上位后，他发誓要消灭越国。三年后，夫差率领自己的将士讨伐了越国。双方交战后，吴国打败了越国。

文种买通了吴国大臣，与夫差周旋一番后，夫差动了恻隐之心，没有消灭越国，越国因此得以保存下来。之后，勾践与范蠡都成了吴国的奴隶。勾践为吴王管理战马，晚上只能睡在马厩里的草堆上。

为奴三年后，夫差生病。勾践抓住良机，主动为他寻找病源，甚至还亲自品尝夫差的粪便。夫差彻底被感动，放了勾践。

回到越国后，勾践没有沉浸于舒适安逸的王宫，而是搬进了破旧的马厩。他每天都睡在柴草上，还在房梁吊下一根绳子，绳子的一端拴着一只苦胆。每天醒来，勾践都会先尝一口苦胆。二十年，天天坚持。

在大臣的辅助下，勾践对内奖励生育，对外出使吴国，进贡财宝。公元前473年，勾践带领自己的三万雄兵，包围了姑苏城。这时候，夫差虽然有五万兵马，但由于粮草供应不足，无法出城迎战。夫差也想向勾践求和，可是这时候的勾践早已不是当年的阶下囚，夫差被迫自杀。

"忍"，心字头上一把刀。面对国破家亡的境遇，越王勾践忍辱负重，为吴王夫差管理战马，晚上只能睡在马厩里的草堆上甚至为夫差尝粪问疾；回国后，为了时刻记住报仇，他又在房梁上悬挂苦胆，天天舔尝。正因为忍耐，才有了后来"三千越甲可吞吴"的佳话。如果不懂忍耐，他如何能痛定思痛，再次杀入沙场？

古人有云："吃得苦中苦，方为人上人""行常人所不能行，忍常人所不能忍""忍得一时之气，方能免得百日之忧"。这些训言，都是在告诉我们，要不断地扩大心胸气量，让自己的内在格局逐渐扩大。

时间会抚平我们的棱角，消磨掉生活中许多的愤懑，教会我们怎样忍耐。当然，所谓忍耐，绝不是一成不变的忍气吞声、姑息纵容，而是一种顾全大局；并不是一种退缩，而是一颗对待世界的平常心。

忍耐，是一种力量，是一种慈悲，是一种智能，更是一种艺术。忍耐，并不是让我们去强行忍耐什么，而是要主动接受外在因素的考验，抵抗住诱惑、逆境的冲击。委屈才能够求全，忍辱才能够负重，而成功者往往都是忍耐力极强的人。

大伟在一家软件公司做了5年，每天都十分忙碌。他调快了自己手表上的时间，生怕迟到，生怕耽误事，总是想着快点快点，要赶着把所有的事情都做好。5年了，

8 不断地积蓄能量——人生要耐得住寂寞

离副总的位置已经不远，可是眼下升职恐怕还轮不到自己。

年底快到了，但业务没有任何起色。大伟想着明年第一个季度再不做出点成绩，往后的业务就会更难做。在这五年的时间里，大伟自己一直都在这个位置上打转，同学和朋友已经有声有色地开起了自己的公司，有些人在政府部门也掌握了实权；而自己似乎还在原地踏步，一直当主管，什么时候才能出人头地？

自己的年龄越来越大，本来以为踏实工作就可以换来功名利禄，可是，周围的人似乎都比自己更快，不管是对手还是朋友，自己似乎总比他们慢一拍。"何时才能守得云开见月明？"大伟心中的焦虑、急躁溢满了胸口，让他感觉喘不过气来。

很多人都只在乎结果，他有钱了，他有品了，他出名了，他成功了……却往往忽略了其背后忍耐的心酸历程。忍耐就像是一剂肥料，可以营造出巨大的气场，将众人隔绝在气场外面。它之所以不被人看好，就是因为外表不华丽，但它却足可以育人成长。

如今，社会经济飞快发展，根本容不得人们慢下来。从工作执行到生活细节的方方面面，好像所有的事情都很紧急，大家都在着急地等待一个结果。成功也是，不知道多少人都渴望着一夜暴富、平步青云，只要他人比自己先一步触摸到它，自己就会感到心慌、焦虑、失落，这就是典型的"成功焦虑症"。

任何人都有一本难念的经，不同的行业，拥有着不同的难题；不同的职位，具有不同的难度。只要还能在工作中找到自己的价值，就一定可以有所成就；只要懂得忍耐，懂得在忍耐中奋发，就可以拥有光明的未来。

如果心中有个确定的职业目标，就要心无旁骛地去做事；不管别人有任何非议，都要忍住。因为，只有做好自己的事情，才能更好地掌控局面。心态不好，就无法承受焦虑之苦；急于求成，一定会欲速则不达。所以，成功需要忍耐，莫让自己陷入急之怪圈！

根扎得越深,才能长得越壮

任何事物的成长都需要时间,不能求快,需要稳抓稳打。要想让自己长成一棵参天大树,就要有庞大的根系作为支撑,这样才能吸取更多的养分。同样,一个人的成长也是如此,只有先打下坚实的基础,才有机会让自己茁壮成材。

说到竹子,很多人首先想到的恐怕都是竹子的坚韧挺拔、虚心刚直,甚至还会以它的精神为榜样。其实,竹子还有一个特点,就是根扎得深,这也是它能够长得那么高的原因。

竹子在生长过程中,前四年生长的速度一般都很慢,可是从第五年开始,就会以每天 30 厘米的速度飞快生长。仅用一个多月的时间,就能长到 15 米高。前四年名不见经传,为何从第五年开始,却能快速成长?主要原因就在于,前四年的积累为后续的成长打下了坚实的基础,它的根系已经在土壤里遍布数百平方米,能够吸取到充足的养分。

长得慢,并不是没有在生长,而是在积累。"泰山不辞细壤,故能成其大;河海不择细流,故能就其深。"看到别人跑得快、爬得高,不要羡慕,只要按照自己的实际情况每天努力一点点、每天进步一点点,当储备了足够的知识、提高了多样的能力,就可以在未来让自己也攀上顶峰。

8 不断地积蓄能量——人生要耐得住寂寞

牛顿曾说:"我之所以看得比别人远些,是因为我站在巨人的肩膀上。"这里,固然有谦虚的成分,可是牛顿却说出了一个事实:没有先辈十年如一日的观测计算,也就不会有后世的惊人发现。任何学问都离不开积累,忽视了积累的力量,自然也就说不上什么发现和创新。

小和尚很喜欢爬树,不管树干多么高大,无论树皮多么光滑,他总有办法轻而易举地爬上去。爬遍了寺庙周围所有的大树后,小和尚变得有些狂妄,他觉得自己既然可以爬到树上,自然也能把树拔起来。于是,他摆开架势,准备"倒拔垂杨柳",一展雄姿。

可是,任凭他费尽九牛二虎之力,也只是身体力行地证明了什么叫蚍蜉撼树。小和尚不明白。

这时师父走过来,笑着说:"孩子,不要做无用功了,你永远都拔不起大树。因为每棵树都是两棵树,向上长的一棵,你看得见,可以轻而易举地爬上去;向下长的树根,是另一棵,你却无法看到。作为一棵树,向下长得越深,向上长得就越高。树有多高,根就有多深。难道你能将树连根拔起?"

树木之所以不能被小和尚轻易拔取,主要就在于其根深埋于地下。所以,想要顺利成长、顺利发展,就要像大树一样立稳根基。只有积蓄足够的力量,才能战胜外界的困难和障碍。

树高千尺,根扎千尺。表面看得到的,永远都是外在的成就;看不见的,都是一些默默的苦练。树根生长时没有声息,看似宁静安泰,实则在钻土破石、日夜不休地深入,一切都是为了今后的枝繁叶茂。

荀子告诉我们:"不积跬步,无以至千里;不积小流,无以成江海。"积累是源泉,是力量。它需要勇气,也需要智慧,更需要毅力。只有踏踏实实地积累,才能有实实在在的收获。正如很多科研成果,都是先积累后创造、由量变到质变的。李时珍尝遍百草,有了知识和实践的积累,才有了医学宝典《本草纲目》。

明代的李时珍出生在一个医学世家,他的祖父和父亲都是医生。耳濡目染下,李时珍从小就喜欢医学;长大之后,他也做了一名医生。

李时珍一边行医,一边研究药物,立志要编写一部比较完善的药物书。1551年,明宗室武昌楚王听说他医术了得,便聘请他到王府来负责祭祀礼仪和医务。为了早日成书,李时珍便进了王府。之后,李时珍不仅治好了楚王世子的暴厥病症,还解决了很多人的疑难杂症,一时间声名鹊起,很快就被举荐担任了太医院的医官。

太医院是明朝的中央医疗机构,收藏着很多珍贵的医书资料和药物标本。李时珍很珍惜这来之不易的机会,一头扎进了书堆,没日没夜地研读、摘抄和描绘药物图形,吸收着前人提供的医学精髓。同时,他多次向院方提出编写《本草纲目》的建议,可是不仅没有被采纳,还遭到了保守派的讥讽与中伤。

1552年,34岁的李时珍开始按照自己的计划来重修本草。由于准备充分,开头还比较顺利;可是,越到后面,越觉得难。因为药物种类繁杂多样,根本不可能将所有的性状、习性和生长情形都记在心里。比如,白花蛇、竹子、艾叶是蕲州的三大特产,主治风痹、惊搐、癫痫等疾病。可是,从药贩子手里买来的"白花蛇"居然跟书上描述的完全不同。为了了解真正的白花蛇,李时珍不得不跟着捕蛇人亲自上山捕捉白花蛇,结果发现:此蛇跟书中讲述的完全一样,而药贩子手里的则是假的。

从那之后,为了实地对照、辨认药物,李时珍便走出了家门。他踏遍大江南北,行程达两万多里。同时,他还阅读了大量古代医学书籍,一边读,一边做笔记,将有疑问的地方都做了标注。他还四处访问医生、老农、渔民和猎人,收集民间治病的验方、土方,甚至还亲自到荒僻的深山里采药。为了判断药性和药效,许多药材他都亲口品尝,历尽千辛万苦,终于积累了大量的医药资料。

李时珍从30多岁动笔,历时27年,完成了《本草纲目》初稿。之后数年间,又经过三次修改,这部190多万字的大书才全部写完。

8 不断地积蓄能量——人生要耐得住寂寞

从哲学上来说，没有量变的积累，就不会有质变的飞跃。积累，就像是无数的细沙与石子，没有它们的存在，就不会有万丈高楼的耸立；积累，就像是涓涓不息的溪流，没有它们的汇聚，就必然不会有大江大河的奔腾咆哮。

一个人，不管有怎样的学历、怎样的经历，不管有多么渊博的学识，工作中总会遇到一些新矛盾、新问题，如果长期不总结、不懂得积累，就难以适应新的变化。因此，不管在任何时候，都要努力培养自己的积累意识，养成良好的积累习惯，在总结中反思，在反思中积累。

当知识积累达到了一定程度，必然会变成一个人成长的智慧。对于个人来说，从书本上学习知识、扩大视野是很必要的，但也要注重工作和生活中的学习与积累。只有将这些都做到了，才能不断增长自己的才干，提高工作效率，做出更多的成绩。

思想，都是行动的先导。想把自己变成有思想的人，一定要勤于思考、善于积累。每个人的成长，都需要经过成功和失败。在很多时候，我们都看重成功，却忽视了失败。其实，我们要多对失败进行总结，因为积累失败的原因比成功更重要，更能完善自己，从而让我们推陈出新，有更大的突破。

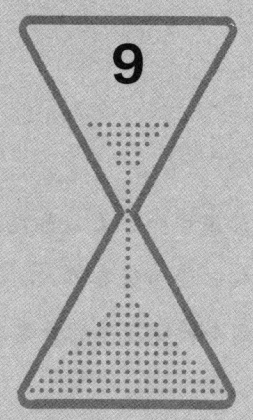

心怀满满的希望
——有希望，不会绝望

　　我们就像是一群走在沙漠中的行人，都在努力寻找生命的绿洲。绿洲就像虚无缥缈的海市蜃楼，看似近在咫尺，实则还远在天边。但只要心怀希望，坚持下去，一定会找到甜美的甘泉。

　　要相信自己能解决世界上的所有问题，相信自己能够接受世界所有的残酷和失败，相信自己只要努力就能打开一片天。

　　人生走向，总在一念之间，内心充满阳光，终将会得到更加成功的人生。一念之间，一个人的世界就会发生翻天覆地的变化。心亮了，世界也就亮了。

9 心怀满满的希望——有希望，不会绝望

只要坚持，梦想总是可以实现的

每个人都拥有梦想，而且都想让自己的梦想实现。可是，梦想的实现有一个重要条件，就是坚持不懈。胜利贵在坚持，只有坚持不懈地努力，才能取得最后的成功。

龟兔赛跑，乌龟之所以能够取得最后的胜利，就在于坚持不懈的努力；兔子之所以会输给乌龟，就在于它在中途睡了一觉。所以，唯有坚持，才能实现梦想。

从前，在一片大森林里有一个小山坡，山坡上只有三棵树。一天，三棵树开始相互探讨自己的梦想。

大树甲说："我希望在将来的某一天自己能够成为一个百宝箱，外面装饰华丽，里面装满黄金和白银。我要让所有的人都能看到我的美丽和财富。"

大树乙说："我想成为一艘大船，能够载着国王和王后到世界各地旅行。"

大树丙说："我想长成森林中最高、最笔直的树。人们仰望我时，就会觉得我离天堂和上帝很近。我要成为最伟大的树，让人们永远都记住我。"

几年之后，一群伐木工来到这片森林。

一个伐木工走到大树甲跟前，说："这棵树的材质看起来不错，可以把它卖给木匠。"然后，他就开始砍树。大树甲很高兴，因为它知道，在木匠手里自己会变成一个百宝箱。

第二个伐木工站在大树乙跟前，说："这棵树看起来很粗壮，可以将它卖给造船厂。"大树乙很高兴，因为它也知道自己的梦想就要实现了。

第三个伐木工走近大树丙，它吓坏了，因为一旦被砍倒，梦想就破灭了。伐木工没有任何特殊的需求，将其砍倒，决定自己带回去。

结果，木匠用大树甲作成了喂动物的饲料槽子，里面装满了干草；大树乙被做成了一条小渔船；大树丙被切成大木板，放在黑暗中。几年时间很快过去了，三棵树都忘记了自己曾经的梦想。

后来有一天，一对男女来到了谷仓。女人抱着儿子，男人说："咱们就用这个马槽为儿子做个婴儿床吧。"大树甲感受到了自己的重要性，觉得自己正承载着世上最亲密的宝贝。

几年以后，一群人得到一艘渔船。有个男人感到很累，就躺进去睡着了。起航之后，风暴骤起，男人被人们叫醒。男人大吼一声，风暴立刻停止。这时，大树乙才知道，这个人就是万王之王。

最后，有人将大树丙带走了。他扛着大树丙走到街上，人们都嘲笑他。之后，他停下来，将一个人钉在树上，抬上了山顶。大树丙才明白，它之所以能够接近上帝，是因为耶稣被钉在由它做成的十字架上。

最终，三棵树都得到了它们想要的，虽然结果不一定是它们想象的那样。

我们就像是一群走在沙漠中的行人，都在努力寻找着生命的绿洲。可是，绿洲却像是虚无缥缈的海市蜃楼，看似近在咫尺，实则还远在天边，但只要执着地坚持找下去，一定会找到甜美的甘泉。

俗话说："世上无难事，只怕有心人。"实现梦想是一个艰难的过程，只有坚持不懈地努力，用心去做，终将有一天会成功。

"不经历风雨，怎能见彩虹？"一个人从出生到长大，注定不可能一帆风顺，难免会遇到挫折。而只有选择坚持，才会取得最终的胜利。坚持是一个持续的过程，想办成一件事情，就要从一件件小事慢慢地做，即使困难重重，也要顽强拼搏，坚持到底。

9　心怀满满的希望——有希望，不会绝望

南美洲有个叫加拉尼温斯的小城，1948年夏天，气温高达40℃。小城街头，三岁的小男孩"鱿鱼"每天都要拿着鞋刷给路人擦皮鞋。他衣服破旧，汗如雨下，对每个行人都发出了乞怜的目光，期盼有人能停下来，把皮鞋伸过来让他擦，否则他就得挨饿。从那时候开始，"鱿鱼"有了自己的"零饥饿"梦想。

为了实现自己的梦想，"鱿鱼"决定去当小贩，把家里种的花生拿到街上卖。12岁的一天，有家洗染铺招学徒工。虽然知道当学徒工很辛苦，可是由于人家管晚饭，于是他就报名了。从那以后，只要学校一放学，他就往洗染铺跑，实现了每天吃上一顿饱饭的梦想。

虽然家人每天都起早贪黑地劳作，可生活依然没有得到改善，遇上失业和病痛，家人依然毫无办法。随着年龄的增长，"鱿鱼"的"零饥饿"梦想有了新内容：让一家人吃饱穿暖。

14岁那年，"鱿鱼"开始了打工生涯。先是当仓储员，后来进入一家五金厂干杂活，工资很低。为了提高收入，他刻苦学习车工课程，最后成了一名车床工。随着收入的增加，家里的条件稍有改善，父母却离异了。

18岁那年，因为一次工伤事故，"鱿鱼"失去了左手小拇指，结果只得到一小笔赔偿金。这时候的他，思想发生变化，觉得自己应该为工人做些事。

21岁时，"鱿鱼"加入冶金工人工会，投身于工人运动。

25岁那年，怀孕的妻子生病，可是由于没钱，他只能眼睁睁地看着妻子死去。"鱿鱼"看清了社会现实，他的"零饥饿"计划再次提升了层次——要为工人争取权益，要让所有的工人都吃上饭。

为了实现这一梦想，26岁的"鱿鱼"参选当地工会领袖并成功获选。当年，在他的带领下，冶金工人发动了两次大罢工，成为反抗军政府独裁统治的先锋。工人的工资得到了提高，一些权益也逐步受到保护。

45岁，"鱿鱼"创建了劳工党，成了工人领袖。结果，在一次活动中，他被捕入狱。尽管受尽了折磨，但他依然没有妥协，反而更加坚定了自己的信念。入狱第二年，迫于工人运动的压力，他被无罪释放。同年，他高票当选联邦众议员。

接着，为了更好地实现"零饥饿"梦想，他参加了总统竞选，结果失败。

连续三次竞选失败，"鱿鱼"再次意识到"改变"的重要性，他对"零饥饿"计划再次做了调整，不仅要让工人饱腹，更要让老百姓吃上一日三餐。凭借着这一执政理念，他成功当选2002年总统职位。

2006年，"鱿鱼"凭借着四年"零饥饿"计划的成功执政，获得了总统连任。他就是曾经的巴西总统卢拉。

卢拉总统从擦鞋匠成长为总统的神话告诉我们：有了梦想，并为之不懈努力，实现小梦想后继续放大梦想，再努力，再放大，再努力……在实现梦想的道路上，就会结满成功的果实。

梦想，是以自身为立足点的，通过创造、更新、打磨，才能够不断地成就自我、超越自我。在强者眼中，挫折就是一种动力，他们没有时间想到寂寞，更没有时间消沉，唯一想做和要做的就是一路向前。既然生命还没对你说个"不"字，你又有何怯战之理？

梦想的实现者永远都是自己，需要以自己为轴心，并坚持下去。任何寄希望于别人的所谓"梦想"都是空洞的，任何在中途放弃的梦想，都只会是昙花一现。实现梦想，只有两个秘诀：第一就是坚持到底，永不放弃；第二，就是坚持不住时，看看第一个秘诀。

9 心怀满满的希望——有希望，不会绝望

只有勇敢面对，才能快速成长

每个人都希望自己生存的世界是个无忧无虑的童话世界，然而现实是残酷的，我们所能做的只有勇敢面对。逆境可以帮助我们成长，只要你能够认真、勇敢地面对，任何事情都不能将我们打倒。

说起美国总统富兰克林·罗斯福，相信每个人都知道，可是很少有人知道，小时候的他却认为自己是世界上最不幸的孩子。而他之所以最后能够冲破不幸，就是因为自己足够勇敢。

小时候，罗斯福因为患脊髓灰质炎，留下了瘸腿的后遗症，就连牙齿也长得参差不齐。在学校，他几乎不怎么跟同学做游戏；老师让他回答问题，他也总是低头不语。

一年春天，邻居送给罗斯福的父亲一些树苗。罗斯福的父亲决定将树苗栽在房前，他让每个孩子都栽种一棵，并承诺："谁栽的树苗长得最好，我就给谁买一件他最喜欢的礼物。"

小罗斯福也想得到父亲的礼物，可是看着兄妹们活蹦乱跳提水浇树的身影，他却希望自己栽的那棵树早点死去。因此，浇过一两次水后，小罗斯福就再也不去照顾了。

几天后，小罗斯福无意中看到了他种的那棵树。这棵树不仅没有枯萎，反而长出了几片嫩绿的新叶子，显得十分有生气。父亲兑现了诺言，为小罗斯福买了一件他最喜欢的礼物，并鼓励他说："从你栽的树来看，你长大后一定能成为一名出色的植物学家。"

从那以后，小罗斯福慢慢变得乐观向上起来。一天晚上，他躺在床上翻来覆去睡不着，看着窗外明亮皎洁的月光，忽然想起了生物老师教给他们的知识：植物一般都在晚上生长。

小罗斯福决定去看看自己的那棵树，当他走到院子里时，看到父亲正在给自己栽种的那棵树浇水。小罗斯福顿时明白了一切。从那以后，他鼓起勇气，努力生活，几十年后，瘸腿的小罗斯福虽然没有成为植物学家，但却成了美国伟大的总统。

在人生路上，总会有些磕磕碰碰，遭遇顺境和逆境都是过程中的必然。如果想过得轻松一些，就不要耿耿于怀；如果别人给你脸色，大可不必与其计较，淡然一笑，心入清风，所有的不愉快就会随风飘散。

身边发生的很多事情，我们可能都没办法预料和阻止，但却可以勇敢地面对。在无法改变不公的厄运时，一定要学会勇敢面对困境。

有一位三十多岁的年轻人去检查身体，发现胸口有一个恶性肿瘤。过去一年中，他承受了很多灾难：父亲中风、兄弟车祸去世。

年轻人问自己，为什么这种厄运会降临在自己的头上。可是，他也清楚，此时哀号无益，总要自己面对。所以他坦然接受现实，接受了治疗。手术后医生告诉他，情况并不严重，不需要化疗。他为此很高兴。

这时，年轻人明白了，与其怨天尤人，倒不如坦然接受现实。想到这里，他的心中已经是满满的阳光，他的世界也不再那么黑暗。

勇敢地接受现实，是克服不幸的第一步。既然不能改变分毫事实，那就只能改变自己。从一个新的起点出发，增加面对现实的勇气，才能让自己的生活充满阳光。

9 心怀满满的希望——有希望，不会绝望

杰克是耶鲁大学的毕业生，毕业时正好赶上美国的经济萧条，很多毕业生因此而都找不到工作，就连杰克这样学习经济管理专业的毕业生也是大量过剩。

为了维持最基本的生计，杰克决定和几位普通院校的毕业生一同去一家小出租车公司做司机，并邀请大学同学一起去应聘。可是，这个想法遭到了同学们的耻笑，他们都说："堂堂的耶鲁大学毕业生，怎能做出租车司机？我们可丢不起人。"最后，整个班里只有杰克一人做了出租车司机，其他同学都去寻找体面的工作。

因为懂经营，杰克的出租车生意非常好，没多长时间，经理就看中了他的经营才能，让他做了自己的助理。几年后，年龄已经很大的经理想要退休，但子女中没人愿意经营这家只有十几辆车的小公司。于是，经理找到杰克，用很低的价格把公司转让给了他。

拥有了自己公司的杰克，他的才能得到了更大的发挥。又过了几年，他便拥有了一千多辆汽车和两家子公司，资产达上亿美元。而当时，他的很多同学都还只是普通白领。

莎士比亚曾经说过："聪明的人永远不会坐在那里为了他们的损失而悲伤，却会高兴地想办法来弥补他们的创伤。"面子永远换不来位子和银子，顶天立地的成功者自古以来就敢于面对现实，不惜尝尽生活的酸甜苦辣咸，所以最终他们才能位居人上。

人生就是这样，不管道路是否曲折，都要自己去走；不管事情喜悦与否，都得自己去尝；不管生活是否顺利，都需要自己去承受和勇敢面对。苦与乐全是自己的，从来没有人可以代替，唯有用平和的心态勇敢接受和面对得与失，最终才能收获蜕变的美丽。

把握最佳时机，也就有了成功的希望

机会是什么？所谓机会就是：别人不知道的你知道，别人不明白的你明白，别人犹豫时而你果断地做了。如此，在别人知道了、明白了想去行动时，你已经超过了他们。所以，机会总是偏爱少数人，喜欢跟风、人云亦云的人，是无法抓住机会的。

如果想实现梦想，得到梦想的结果，就一定要把握好最佳时机。

一次，日本松下公司打算招聘一名会计，很多年轻人都来应聘。松下是家跨国公司，待遇优厚，因而为了抓住机会，每位应聘者都使出了浑身解数。

第一轮面试过后，只有十人进入第二轮的笔试。经过细心筛选、层层把关，最后只留下三位优秀的女大学生。她们的水平基本上都差不多，经理让她们第二天八点来公司面试，据说总经理要亲自来考她们。

第二天，三位女大学生都穿着一新，出现在经理面前。经理给她们每人发了一件衣服和一个黑皮包，说："这件衣服上都有一块污迹，但你们必须在八点十五分之前穿着这套衣服到总经理室进行面试。总经理喜欢干净整洁，这些污迹最好不要被总经理发现，否则立刻就会被淘汰出局。"

听到这里，大学生甲立刻拿出手帕纸来擦，结果越擦越脏。大学生甲想让经理帮着重新换一件，可是经理遗憾地说："不好意思，你已经被淘汰出局了。"于是大学生甲哭着离开了。

9 心怀满满的希望——有希望，不会绝望

大学生乙看到这个场景，立刻跑进洗手间，想用水将污迹冲洗干净。结果，她反复清洗了几遍，污迹确实没了，可胸前却湿了一大片。面试时，总经理看了一眼她的衣服，说："你被淘汰了，我们选大学生丙。"

大学生乙感到很惊讶，不服气地叫嚷着："可她胸前衣服上有污迹呀。"总经理看出了她的心思，微笑着说："她将黑皮包挂在胸前，挡住了那块污迹，以最快的速度赢得了机会。"

有人曾说："弱者等待时机，强者创造时机。"机会，对每个人来说都是平等的；但它停留的时间很短暂，只有迅速把握住，才能实现自己的梦想。因此，对于机会，我们要做到，宁愿深入了解之后放弃，也不要因为畏惧而错过。

所有的新事物，你看不懂，他看不懂，总会有人看得明白；你不去做，他也不做，一定会有人去做。没有谁可以阻挡社会发展的脚步，永远都不要将无知当成个性，更不要等到未来发现自己错过机会时而觉得惋惜。

一次，一位先生宴请美国著名作家赛珍珠女士，林语堂先生同在被请之列，他请求主人将自己的席次排在赛珍珠旁边。席间，赛珍珠知道座上有很多中国作家，就说："各位何不以新作供美国出版界印行？本人愿为介绍。"

在座的都觉得这只是一种普通敷衍说词而已，根本就没有在意；只有林语堂当场一口答应。回去之后，他花费两天时间将发表在中国的英文小品整理成一本书册，送给赛珍珠，请为斧正。赛珍珠因此而对林语堂留下了深刻的印象，之后全力帮他出版。

从这个故事可以看出来，一个人能否成功，才华是一方面，善于创造和把握机会是另一方面。不观望、不退缩，想到就做，拥有敢于尝试的勇气和实践的决心，才能最终造就一个人的成功。有人可能觉得某些人的成功是出于一个偶然的机会，殊不知，这个偶然的机会能被发现、被抓住，却不是偶然的。

人们失败有一个很大原因，就是因循等待。弱者等待时机，强者创造时机。什么是创造时机？就是对于任何可能的事都选择尽全力去努力和尝试，说不定下一秒就能抓住转瞬即逝的机会。林语堂博士的故事，就是最好的证明。

单位来了新主管，听说是一位能人，是专门派来整顿业务的。同事们都希望可以有个崭新的开始，但是日子一天天过去，新主管却一点作为都没有，连办公室都很少出。"这哪是什么能人，就是个老实人。"大家都感到很失望。四个月过后，新主管忽然发疯似的将中庸分子一律革职，而有本事的人得到了相应升职。

在年底聚餐时，新主管给大家讲了这样一个故事："我有个朋友，买了栋带大院的房子，他一搬进去，就把院子里的杂草全部清除了，种上了自己新买的品种。某天原来的屋主来访，进门后，大吃一惊，'那最名贵的牡丹哪儿去了？'那时朋友才知道自己做了傻事。后来，他又买了一栋房子，院子里虽然同样乱，他却按兵不动。果然，冬季认为是杂树的，春天却开满了鲜花；春天认为是野草的，夏天时却变成了锦簇；一直等到了暮秋，他才真正看清楚，哪些植物是无用的，最终让所有珍贵的草木得以保存。"

说到这儿，主管举起杯来，对那些留下的人继续说道："让我敬在座的每一位，如果我们的办公室是一个花园，你们就是其中的珍贵花草啊。"

正所谓"机不可失，时不再来"，机会就是在一定时间内的有利情况，向来可遇不可求。案例中，主管的策略就很成功，先是按兵不动，而在认真看清楚办公室的良莠不齐之后，将所有混饭吃的人都清除了出去。

历史经验告诉我们：先知先觉的人是机会者，后知后觉的人是行业者，不知不觉的人是消费者。为什么很多人都没有机会？因为他们的脑子里都有这么一句话："万一……怎么办？"其实，很多机会都是在"万一"中失去的，为什么不选"9999"的机会和几率，只选择这个"1"？

9 心怀满满的希望——有希望，不会绝望

思路决定出路，机会决定未来。机会，从来都不会对任何人格外青睐，也不会对谁格外吝啬，我们所做的事情就是在它到来之前努力做准备；否则，机会一旦错过，往往就会一去不复返，而我们想要的转机也将不复存在。

把握住最佳的时机，也就有了成功的希望。不要做一个观望者和等待者，否则，当你真的确定时，就已经晚了半步，甚至已经望尘莫及了。

心怀希望,生活才会充满阳光

所谓希望,简单来说,其实就是愿望,就是因心生向往而萌生出的一种执着而坚定的力量。心中怀着希望,即使日子再暗淡,内心也会阳光朗照;播下希望的种子,即使再艰难,内心也会开出乐观之花。

提起"希望"这个词,最不能忘怀的就是欧·亨利的小说《最后一片叶子》:

病房里,一个生命垂危的病人侧头看着窗外的一棵树,树叶在秋风中一片片掉落下来。病人望着飘飘落下的树叶,身体也是一天不如一天。他说:"树叶全掉光时,我也就要死了。"

老画家贝尔曼知道这个情况后,在最后一片叶子凋落的晚上,冒着凛冽的寒风,爬到高高的常青藤墙面上,用彩笔画了一片叶脉青翠的树叶,最后一片叶子一直都没有掉下来。因为生命中这片希望的绿叶,病人竟然奇迹般地活了下来。

病人之所以能够奇迹般地活下来,关键就在于手工画的树叶给了他无穷的力量。当他怀揣希望的时候,心态就会积极向上,对生活充满热情,身体自然也就一天天好起来了。

心怀希望,且身体力行,生命就会出类拔萃;心中有光,人生才能更加明媚灿烂;拥有希望的牵引,明天永远好过今天。因此,面对生活,我们需要往前走、向上看,在仰望星空的同时,也不要忘记脚踏实地。

9 心怀满满的希望——有希望，不会绝望

人生走向，总在一念之间。内心充满阳光，一个人的世界就会发生翻天覆地的变化。心亮了，世界也就亮了。

有个年轻的小伙子，虽然两只眼睛都看不见，但靠着不懈的坚持，不仅读完了大学，还自主创业，给很多人提供了就业机会。这个小伙子就是泥洪凯。

泥洪凯12岁时因为放鞭炮炸伤了双眼，导致双目失明。之后，泥洪凯转学到盲校读书，靠着老师和同学的帮助，他的心态渐渐平和，走出了黑暗的深渊。在盲校，泥洪凯系统地学习了中医按摩针灸，并考上了大学。五年的大学生活，让他具备了更加扎实的医学技能。

大学毕业后，泥洪凯回到家乡，在父母的帮助下，开了一家按摩店。一开始遇到了很多困难，但泥洪凯靠着自己的毅力一点点摸索前行。最终，他凭借着扎实的医学功底和专业治疗手法，得到了顾客的称赞，这也让他更加明白了自我的人生价值。

如今，泥洪凯每年都会有几万元的收入，不仅可以自食其力，还可以贴补家用，大幅度减轻了父母的生活压力。

毋庸置疑，上帝关闭了泥洪凯的一扇门，却为他开启了一扇窗。泥洪凯没有因为生活的挫折而放弃希望，他用平和的心态沉淀自己，让心灵之窗更加通透明亮；用自己的努力和付出，让生命充满了阳光。

乌云的背后，一定是蔚蓝的晴空；阴霾之后，必然是灿烂的阳光。只要拥有一颗充满光明的心，你的世界就永远不会被黑暗笼罩。当光明和温暖降临的那一刻，你就会发现，生活到处都是美景。

那一年，吉拉德应聘到一家汽车销售公司做汽车推销员，老板给了他一个月的试用期。一个月内如果他能推销出汽车，就留用；如果不能，就被辞退。

为了让自己留下，吉拉德开始了辛苦地奔波。可是，一个月的时间眼看就要过去，他却一辆汽车都没有推销出去。第 30 天的晚上，老板打算收回吉拉德的车钥匙，并告诉他明天不用再来了。吉拉德却说："还没到晚上 12 点，今天还没有结束，我还有机会！"

吉拉德把汽车停在路边，坐在汽车里，等待着奇迹的发生。这时，一位卖锅的人，敲响了他的车窗，打算向他推销锅。吉拉德请这人上车取暖，并递上一杯热咖啡，两个人开始聊了起来。

吉拉德问："如果我买了你的锅，然后你会做什么？"卖锅者说："继续赶路，卖下一个。"

吉拉德又问："全部卖完以后呢？"卖锅者说："回家再背几十口锅出来，接着卖。"

吉拉德继续问："如果你想使自己的锅越卖越多、越卖越远，你会怎么做？"卖锅者说："要买辆车，不过现在我买不起。"

两人这样聊着，越聊越开心，快到午夜 12 点的时候，卖锅者在他这儿订了一部汽车，提货时间是 5 个月以后，留下的订金是一口锅的钱。

有了这份订单，老板留下了吉拉德。从那以后，他继续努力推销，业绩不断增长，15 年间，吉拉德一共卖出 1 万多辆汽车，成了世界上最伟大的推销员，创造了推销史上的奇迹。

机遇总是青睐心怀希望的人，他们即使是在最黑暗的夜晚，也会坚定信念、信心满满地向前走，勇敢地穿越漫漫长夜，迎来阳光灿烂的一天。而吉拉德之所以能够取得最后的成功，就是因为即使面对极其渺茫的希望，他也没有选择放弃。

人的一生是漫长的，蜿蜒曲折是它的常态。虽然很多人都期待自己能够一路平坦、周围都是鸟语花香、天上都是白云朵朵，可是现实和理想有着巨大的差距，让我们无所逃避。其实，可怕的并不是黑暗本身，而是我们对黑暗的畏惧。相信世界上还有阳光，相信世界上还有希望，迎接你的就必然是光明和温暖。

9 心怀满满的希望——有希望,不会绝望

　　世界欠你一个如意的人生,可是你却不能欠世界一份坚强和热爱。心中有阳光,世界就会充满阳光;前进得义无反顾,世界自然会为你让路。不管你是寸步难行,还是一跃千里;不管你是一无所有,还是无所不有;不管你是一贫如洗,还是腰缠万贯……总而言之,不管你好不好,享受的都是同一片蓝天、同一片阳光,只有心怀希望,才能看到美好的未来。

　　从草木抽芽吐绿中,可以看到春天的希望;

　　在田野的稻花飘香中,可以看到丰收的希望;

　　在一次次天灾人祸前、爱心的涌动中,能看到社会的希望

　　……

　　心怀希望,生活才会充满阳光。

像圣地亚哥一样
——没有人能够打败你,除了你自己

每个成功人士都是绝对自信的存在，而碌碌无为的人只要遇到一点挫折，就会心灰意冷、一蹶不振。因为一个没有脊梁的人，根本无法笔直地站立。

信念也是一种心理动能，它会通过士气激发出人们潜在的精力、体力、智力等各种能力，从而实现人的基本需求、欲望和信仰。抱有坚定的信念，你可能会做出一些连自己都不相信的事。

绝望是一种罪过，不要得意忘形，也不要自暴自弃，让失败控制自己的内心。若想战胜自己，就要先肯定自己、认知自己，找准自己的位置，并不断地坚持下去。

10　像圣地亚哥一样——没有人能够打败你，除了你自己

主动放弃的人，永远无法挺直腰杆

遇到困难或挫折的时候，既可以选择灰心失望地哭泣，也可以选择将担心和害怕放在一边，然后反思和沉淀自己。只要我们不轻易向困难低头、不轻易放弃，就能把握自己的命运，最终解决所有的问题。

1920年10月的一天晚上，在英国斯特兰腊尔西岸的布里斯托尔湾的洋面上，小汽船"洛瓦号"跟一艘航班相撞沉没。据说，那艘航班比小汽船大十倍，上面共有104名乘客，结果11名乘务员和14名旅客下落不明。

弗朗哥·马金纳被巨大的冲击波从下沉的船身中抛了出来，在冰冷刺骨的海水里他努力挣扎着。呼救声、哭喊声渐渐低沉，周围出现了死一般的沉寂。救生船遥遥无期，马金纳觉得自己马上就要去见上帝了。这时，一阵优美的歌声划破了长空。那是女人的声音，歌曲虽然没有走调，但依然带着一点儿哆嗦。

马金纳的心渐渐安静下来，居然听得入了神，顷刻间心神完全平静下来。他循着歌声游去。很快，他就找了她。一个年轻姑娘被几个女人抱在中间，她随意地唱着，大浪不时地盖过她的脸，但她仍然镇定自如。

在等到救生船到来的过程中，女孩的歌声给了大家勇气。大家都紧抓那一根救命的"圆木"，平添了许多精神和力量。慢慢地，一艘小艇出现在人们的视野中。小艇循着歌声，穿过黑暗向他们驶来，众人得救。

故事中，当两艘船只发生碰撞之后，人们纷纷落入大海。在这种情况下，只要放弃，必死无疑。女孩为了让人们坚持下去，唱起了歌曲，虽然声音还带有颤抖，但依然产生了鼓舞人心的力量。正是在这种力量的支撑下，众人才最终等来了救援的船只。

著名的成功学大师安东尼·罗宾斯说："影响我们人生的绝不是环境，也不是遭遇，而得看我们对这一切抱持什么样的信念。"无论环境如何糟糕，无论条件如何艰苦，无论命运如何不公，只要心怀信念、坚持下去，就能拨开层层迷雾，重见漫天的阳光。

每个人身上都蕴藏着巨大的潜力，美国学者玛格丽特·米德认为，每个人的大脑资源至少有95%没有开发。普通人的脑力只开发了不足1%，即使是爱因斯坦之类的天才，脑力也只开发了2%左右。难怪苏联学者伊凡·叶夫莫雷夫会说："人的潜力之大令人震惊。大脑开足一半马力，能毫不费力地学会40种语言，把苏联百科全书从头到尾背下，完成几十个大学的课程。"

我国有句俗语，叫"人贵有自知之明"，怎么才算是"明"呢？那就是不但要看到自己的短处，也要看到自己的长处。要想实现自己心中的理想，首先就要相信自己，坚持下去。

每个成功人士都是绝对自信的存在，碌碌无为的人只要遇到一点挫折，就会心灰意冷、一蹶不振。因为一个没有脊梁的人，根本无法笔直地站立。

贾海亮住在市北区，在参加残疾人帆船队之前，他运作着一家广告传播公司。他经营有方，生意红红火火。在2005年的春天，贾海亮加入了中国残疾人帆船队。

因为身体残疾，在训练过程中，贾海亮遇到了许多自己根本无法想象到的困难：每次训练，他的身体都必须和海面保持垂直，否则就没办法操纵船舵；每次训练他都感到很疲惫，为了掌握一项新技能，他要付出比常人多出十倍甚至百倍的努力；每当别人训练结束回去休息时，他总会和教练申请加练。训练中他经常会受伤,每当钻心的疼痛折磨他的肉体时,他都会告诉自己:一定能行,自己是优秀的,不比任何人差。

2007年9月贾海亮和杨秀娟二人搭档练习双人龙骨船,他任舵手。在2008年世界残疾人帆船锦标赛上,他们的合作无比默契,夺得亚军。这个成绩,是中国残疾人帆船队自2005年成立以来在世界上取得的最好成绩。

任何成功都有一个前提,那就是不放弃。如果想要获得机遇,就需要不放弃。同样的机会摆在眼前时,一个信心不坚定的人,往往会在权衡中主动放弃,自然也就失去了成功的机会;而只有不放弃的人,才会很快察觉并牢牢抓住这个得之不易的机会,进而取得成功。

成功并不是一蹴而就,需要长期坚持。不管什么事情,只要不放弃,就等于成功了一半。最强大的自信并不是他人给予的,而是完全由自己内心激发的。所以,不管事情怎样发展、情况如何变迁,一定要鼓励自己坚持下来,因为只有不放弃,才可能到达成功的彼岸。

在83版的《射雕英雄传》中,有个年轻人扮演了一个宋兵,只有两场戏。虽然只是个小角色,可是他依旧要求导演让梅超风两掌将自己打死。结果,导演没有答应,仍然让他被一掌拍死了。跑龙套生涯虽然比较漫长,但年轻人始终很自信,经常会给导演提些建议,虽然结果也总是被他人嘲笑……然而,功夫不负有心人,2002年,他拿到了最佳导演奖——他就是我们熟知的周星驰。

还有一个年轻人,早年做过电工、销售员,还帮人送过外卖。但在工作之余非常喜欢读书,只要看到喜欢的词,就会主动记下来。最后,居然存了几箱子。他运用各类词语创造歌词,并寄给唱片公司,结果大多都是有去无回。然而,他依旧坚持不懈,相信自己总有一天会得到他人的赏识。终于,他得到了吴宗宪的回音,顺利加入了唱片公司——他就是中国风大家方文山。

要想成功，少不了坚持。只有坚持下去，才能将身上未知的潜力挖掘出来。从上面的故事来看，如果周星驰、方文山对自己没有足够的信心，没有足够的坚持，到了今天多半还在跑龙套或是打零工，永远也不可能成为家喻户晓的明星。

任何人都拥有无穷无尽的潜能，这种潜能在很长一段时间内可能不会被发觉，所以大家都会认为自己平淡无奇，跟身边人没有任何差别。其实，这只是对自身能力的淡化，如果你从一开始就没有放弃，就一定会成为鹤立鸡群的那个人。

所有的成功者都不是天生的，而成功的根本原因就在于不放弃。任何人，远远都比自己想象的强大，不管遇到多么艰难的事情，都要相信自己必然能够找到解决办法，关键就在于不放弃。

用强大的信念去鞭策自己行动

信念，是意志行为的基础。没有信念的人，必然就不会有意志，更不会做出积极主动的行为。具备坚定的信念，做事时就会积极主动且充满热情，还可以激发出巨大的潜力。从这个意义上说，行动力的坚持，主要就在于强大的信念。

球星C罗就是一个拥有强大信念的人，也是一个用不屈斗志来实践执着的信念的人。

2016年欧洲杯，葡萄牙对阵匈牙利。由于葡萄牙后方防线不稳，再加上对方球员"受到了上帝的眷顾"，两次射门均折射入网，以致葡萄牙0:3落后。

在这样队友状态不佳、敌军势如破竹的情况下，C罗仍未放弃，依旧怀揣着那颗无比强大的好胜心继续作战。他不仅要战匈牙利，还要战上帝。最终，在哨声落下的那一刻，C罗凭借着一次助攻和两次破门，将比分扳平，拿下了继续进军的机会。

不得不说，有着强大的信念与不屈的斗志，C罗才能在与人斗、与天斗的战役中，最终为葡萄牙队赢得了继续征战欧洲杯的机会。强大的力量，来源于强大的信念。相信奇迹，自然也会获得奇迹。

苏霍姆林斯基曾说："没有任何信仰的人，不可能有精神的力量、道德上的纯洁，也不可能有英勇的精神。"信念是一种心理动能，它会通过士气激发出人们潜在的精力、体力、智力等各种能力，从而实现人的基本需求、欲望和信仰。拥有坚定的信念，你可能会做出一些连自己都不敢相信的事情。

有个弹奏三弦琴的盲人希望自己在有生之年可以见到光明。一天，盲人遇到了一个道士。道士说："我有一个治愈眼睛的药方，你如果想要，就得弹断一千根琴弦。在此之前，药方根本没有作用。"盲人答应。于是，道士就带着盲人走街串巷，平心静气地以弹唱为生。

一年又一年过去，盲人一直弹奏，琴弦断了一根又一根，他的技术也日渐成熟。后来，盲人成了有名的琴师，再后来还被选为了宫廷首席琴师。垂暮之年，第一千根琴弦终于被弹断，盲人迫不及待请人代他打开那药方。

那人打开药方，说："这是一张白纸，没有字。"盲人听完后，沉默了很长时间，最后感慨万千："为了弹断这一千根弦、重见光明……我，多活了这么多年……"

如果没有信念的支撑，盲人的琴艺不可能达到炉火纯青的地步；如果没有信念的支撑，他也不会有这么多年的充实和成功。

信念是后天培养而成的，是人内心真挚的信仰，是人的精神支柱，是人生的力量源泉，可以给我们的成功提供动力和毅力。

廖昌永，在我国音乐界是个响当当的名字，却很少有人知道，小时候他也只是个普通农民的儿子。

七岁那年，父亲病故，对于本来就十分贫困的廖昌永来说，简直就是雪上加霜。上学后，廖昌永渐渐喜欢上了音乐。每天清晨，村头电线杆的喇叭里都会传出歌声，滋润着他那颗热爱音乐的心。只要村子的大喇叭一响，他就会认真听。

廖昌永没有放弃任何学习音乐的机会，他坚定地认为自己拥有音乐天赋。每次想停下休息时，他总会告诉自己：成功，就在眼前。虽然他也曾经历过失败，

10　像圣地亚哥一样——没有人能够打败你，除了你自己

可是音乐的优美旋律依然一次次滋润了他枯干的心灵。最终，他成为我国著名的男高音歌唱家。

廖昌永学习音乐的客观环境不好，甚至还可以说很差，但是他却成功了。其原因就是他拥有强大的信念，每次倦怠时，他都会用自己的信念鼓励自己，然后继续坚持。

信念不是天生的，是人在社会实践中逐渐形成和发展起来的。可以先做个头脑热身，构想一件自己想去完成的事情，而后梳理心路并将它深深铭记在脑海，以保障行动能够得心应手、应对自如。

成功，需要有明确的目标，而目标的实现需要有成功的信念。因此，在决定好做一件事之后，就要坚持不懈地去做，凭借着强大的信念鞭策自己的行动，克服途中的各种困难，相信成功的那一天就在不远的前方。

有了方向就坚持到底，不因一时挫折而怀疑自己

从古至今，多少文人墨客写出了坚持信念的重要性，从刘禹锡的"千淘万漉虽辛苦，吹尽狂沙始到金"到夏明翰的"砍头不要紧，只要主义真"；再从但丁的"走自己的路，让别人说去吧"到如今的"坚持到底，就是胜利"。古今中外的名人都在教育我们：一定要坚持信念，因为只有将自己的信念坚持到底，不因一时的挫折而轻易怀疑自己，才能最终取得成功。

伍登在美国颇负盛名，在12年的全美篮球年赛中，他为加州大学洛杉矶分校一共赢得了10次全国总冠军，他自己也成为有史以来最称职的篮球教练之一。这天，记者对他进行了采访。

记者问："伍登教练，请问您是如何做到这一点的？"

伍登回答说："我的心态不错。"

记者又问："那您是如何保持这种积极心态的？"

伍登愉快地回答："每天睡觉之前，我都会提起精神告诉自己：我今天的表现很好，明天的表现会更好。"

记者有些不敢相信："只有这一句话？"

伍登坚定地回答："一句话？这句话，我对自己说了20年。"

一句话,居然自己对自己说了 20 年,这就是坚持的力量!这就是相信自己的力量!

什么是自信?有的人说,自信,就是你站在领奖台上,面对台下的许多观众,还能保持微笑。实际上,自信是没有人相信你时,你仍旧对自己深信不疑。只有相信自己,才不会因为一时的挫折而怀疑自己。

有个年轻人去寻觅宝藏,最后找到了一种能散发香气、能沉入水底的植物。年轻人很兴奋,拿到市场上卖,可是却发现价格比不上木炭,所以他就把香木烧成了木炭。后来,父亲告诉他,这是沉香木,切下一小块的价值就超过了一车的木炭。

很多人都是这样,容易被眼前的假象所迷惑,容易因一时的挫折而怀疑自己,然后向大众妥协。其实,只要这个年轻人相信自己,就能拥有千金之财;只要我们相信自己,就能取得成功。

现代天文学家的奠基人哥白尼提出了"日心说",否定了当时占主导地位的"地心说",这个观点严重地威胁到了教会神创论的统治,因此他遭到了"地心说"教徒的攻击和教廷的压制。然而,他却始终坚持真理,不曾向教会低头,最终为天文学的发展作出了巨大贡献。

与哥白尼拥有相似命运的还有布鲁诺,他坚持继承和发展哥白尼的"日心说"。但不幸的是,他被教廷列为异端,被处以火刑。两人均遭到了不公的待遇,但任何人都无法改变他们追求真理的信念,也根本无法撼动他们坚持真理的决心。如今,已经没有人敢去无视他们的贡献了。

半年前,刘飞大学毕业,到一家公司实习,任销售代表一职。那时的刘飞很有才华,可以说是满腹经纶,谈论起事情来头头是道。在走访市场和销售业务中,刘飞都有自己的认识,可是他给上级的建议却从未被采纳,因为上级觉得刘飞还缺乏一些历练，所以他那些不切实际的想法，都以难以操作为由被拒绝。本来自己的本意是为了公司，可是公司却不采纳。刘飞开始怀疑自己：是否自己的能力还不够？

后来，公司召开销售会议，上级对月销量下滑表示不满，让大家做检讨。刘飞说明了自己的想法。领导认为这个想法还行，就让他做份详细的报告。刘飞抓住机会，用心做了一份报告，还主动向领导请教，提出了自己的见解。结果，领导对他刮目相看。

开始的时候，因为上级对自己不重视，刘飞开始怀疑自己，如果这个怀疑一直持续下去，让他放弃了自己的观点，也就完全不会得到领导的刮目相看。

有人曾说："一个人在比较了解自己与别人的力量和弱点后，如果仍然看不出差别，他将很容易被敌人打败。"确实是这样，我们在生活中可能面临很多挫折与困难，甚至是失败连连；但我们不能因此而气馁，首先要做的就是相信自己，只有坚持到底，才能得到上天的奖赏。

在不断地跟生活进行对抗时，只有自己可以拯救自己。只要拥有一丝抗争的勇气，必然会有一丝成功的希望。当然，想要战胜自己，也是一件很困难的事。不要得意忘形，也不要自暴自弃，让失败控制自己的内心。若想战胜自己，就一定要先肯定自己、认知自己，找准自己的位置，并不断地坚持下去。

《劝学》中对我们有所告诫："锲而舍之，朽木不折；锲而不舍，金石可镂。"此外，"水滴石穿""绳锯木断""愚公移山"的哲理我们也耳熟能详。所以，只要比其他人多一些努力，就会多一些成绩；只要比其他人多一点志气，也会多一份出息；只要多一点坚持，就一定会取得胜利。

明确了方向，只有不断坚持下去，才能征服出现在生命中的一座又一座高山。学会自控，学会坚持，向着信念的方向前行，不因一时的挫折而怀疑自己，终将收获成功和幸福。

行动起来，才能创造出奇迹

上天像一位宽厚的母亲，爱护着自己的每个孩子。但为了让自己活得更精彩，我们每个人都需要努力，而不是只有想法。只有付出真正的行动力，才能收获希望的果实。

一个人能否取得成功，关键在于行动力。提高自己做事的行动力，事情才能圆满完成，问题才能更好地解决，奇迹才能出现。

如今，在纽约曼哈顿岛和布鲁克林区之间，有一座横跨东河的悬索大桥，名为布鲁克林桥。该桥富丽典雅，是众多游客及画家、文人等争相拜访的对象。然而，在富丽典雅的背后，却是曲折酸苦的血泪史。

约翰·罗布林自小的愿望就是做悬索桥，当他于1867年被任命为布鲁克林桥的工程师时，他写下了这段话："按照我的设计完成作品的话，（它）将不仅仅是现存最伟大的桥，也是这个州、这个时代最伟大的工程。它最显著的特点：伟大的塔楼，将会是连接两座城市的地标，将会被评为国家历史遗址。一件伟大的艺术品，一个先进桥梁工程的标本，这个结构将会永远证明这个社会的活力、财富和进取心。"

尽管罗布林有着非凡的野心和斗志，但在残酷的现实面前不得不低头。1969年，在大桥正式开工前的勘测中，罗布林的脚因卡在靠岸的渡轮与码头之间而受伤，由于他拒绝治疗，导致最后因感染破伤风而去世。而后，总工程师的重担就落在了他儿子华盛顿的肩上。

为了实现父亲的梦想，华盛顿自开工之日就一直亲临现场，但很明显在潮汐海峡建造悬索桥困难重重，甚至免不了灾难的降临。在施工过程中，因长时间留在水下作业的沉箱中，华盛顿得了"沉箱病"；当两个桥桩都建完时，他的病情再次加重，将要面临全身瘫痪的危机，逐渐丧失了行动和说话的能力。但华盛顿依旧没有放弃，他用自己唯一能动的手指敲击妻子艾米莉的手臂，以此来传达设计和施工意图，并通过望远镜和妻子的反馈来观察施工情况。

　　就这样，历尽千辛万苦，付出了包括罗布林在内20多人的生命以及华盛顿和妻子多年的正常生活，布鲁克林桥终于在1883年建成。它是当时世界上最长的悬索桥，也是世界上首次以钢材建造的大桥，被誉为继世界古代七大奇迹之后的第八大奇迹。

　　如果罗布林没有坚持梦想的行动，如果华盛顿没有坚持造桥的行动，如果华盛顿在病魔的困扰下屈服停工，也就没有布鲁克林桥这第八大奇迹出现了。因此，付诸行动的人，才是最接近成功的那一个。

　　事实证明，行动力和成功是成正比的。很多人拥有天才的想法，却没有天才的行动力，想而不做，再天才的想法，也不会有价值。而有的人，开始时的想法可能并不完美，但凭借着天才的行动力，这个想法也会终将变成现实。

　　有个生活落魄的中年人，每隔两三天就会去教堂祈祷，而且每次的祷告词几乎都一模一样："上帝啊，请看在我多年敬畏您的份上，让我中一次彩票吧。阿门！"

　　几天后，中年人又一次垂头丧气地回到了教堂，发出了同样的祈祷："上帝啊，你为什么不让我中一次彩票呢？我一定会更加谦卑地来服侍您，请您让我中一次彩票吧。阿门。"

　　又过了几天，这个人再次出现在教堂，他跪拜道："我的上帝，为何您不垂听我的祈求？让我中彩票吧。只要一次，让我解决所有困难，我愿终身奉献，专心侍奉您……"

10 像圣地亚哥一样——没有人能够打败你，除了你自己

上帝实在听不下去了，在圣坛的上空传来了那宏伟庄严的声音："你说什么，我一直都在听着，只是你最起码应该去买一张彩票吧？"

身边总会有人说，想成为一个怎样的人、想拥有一个怎样的职务、想要如何如何……然后整理出了一大堆计划用以指导。但计划有了，行动在哪儿呢？尽管你花费了很多时间去设定计划，但却从来都不付诸行动，那么自然也就没有了结果。

俗话说："光说不练假把式。"行动是最能表达一个人思想的，只有行动起来，才能实现理想。整日都躲在被子里做梦，就只能是做梦；只有付诸行动，才能把梦想变成现实。现实生活中，有些人之所以比别人更容易走上成功之路，都是因为他们所付诸的行动。

有个美国女孩儿叫布兰妮，从大学开始，她就想成为一名电视节目主持人。而且，她认为自己确实拥有这方面的才干，每次和别人相处时，即使是陌生人，也可以促膝长谈。因为她知道如何才能从别人的嘴里套出真心话。朋友们也觉得她是一位亲密的好友，只要给她提供一次上电视的机会，她就一定会成功。她的父亲是波士顿出名的整形外科医生，母亲是一名大学教授，他们对布兰妮的想法也非常支持。

虽然布兰妮有着众多机会去实现自己的理想，可是她却不愿做任何事情，只是在那里静静地等待奇迹的出现，总是希望自己能够一下子成为电视节目主持人。然而现实就是，这种奇迹永远不可能发生，她只能让奇迹一次次地跟自己擦肩而过。

有了方向，有了支持，剩下的就是行动。因为缺乏行动，布兰妮的人生注定与主持人无缘。而现实生活中，这样的例子不胜枚举。要知道，行动永远都比想法重要得多。在没有硝烟的职场战争中，只有用行动不停地改变自己、不断地提高自己，才能在激烈的竞争中脱颖而出，最终取得事业的成功。

0.01秒

行动是成功的开始，只有行动起来，才能打造出职场的亮丽风景线，既照亮了自己，又照亮了大家。拿破仑·希尔曾说："想得好是聪明，计划得好是更聪明，做得好是最聪明。"由此可见，避免那种万事俱备而不行动或者半途而废的情况，用行动来证明自己、实现梦想、成就自己，这才是最聪明的人。

一次行动足以胜过百遍胡思乱想，说一尺不如行一寸，让我们行动起来吧。

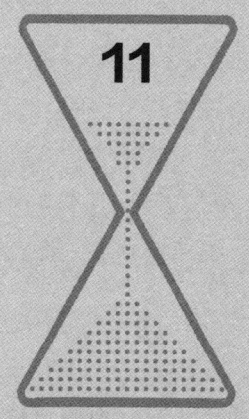

恐惧于挫折？NO！
——害怕是因为你懦弱

　　幸福和痛苦是并存的,享受幸福,自然也要学会承受痛苦。享受幸福,会让我们更加拥有成就感;而承受痛苦,会让我们更加具备战胜困境的自信。

　　遇到困境时,一定要勇于面对。面临逆境甚至绝境时,只要怀有一颗积极乐观的心,微笑面对生活,就会于绝境处逢生,同时也将积累一笔人生财富。

　　森林中的大树没有经历过暴风骤雨,没有搏击过千百回,树干必然不会结实。所以,没有经历过种种挫折,我们的人格和本领也不会趋于成熟。要记得:任何磨难,都是在帮助我们成长。

11 恐惧于挫折？NO！——害怕是因为你懦弱

可以输给他人，但不能输给自己

人生最强大的敌人就是自己，最大的挑战就是挑战自我。只有相信自己，才能自强；只有相信自己，才能知难而进。如果你连自己都不敢肯定，又怎么能够得到别人的认可？所以，你可以输给任何人，但不能输给自己。

1994年，著名指挥家小泽征尔回到出生地沈阳，指挥辽宁交响乐团上演《德沃夏克第九交响曲》。第一天排练完第四乐章快板后，小泽的脸色突然沉了下来。他皱着眉头，自言自语："怎么会这样？这种乐团怎么去演出？"他用指挥棒重重地敲了一下乐谱架，说："从明天开始，进行个人演奏过关训练。"也就是说，每个人都要接受基本功训练。这根本就不是大师级指挥家应该做的事。

等候在演练厅的地方官员，想跟小泽商量接见和宴请事宜，小泽一一谢绝。他说："我来这里的目的只有一个，就是送给沈阳市人民一次满意的交响乐，我不会见任何与音乐会无关的人。"从那以后，在他的带领下，乐团便开始了每天6个小时的训练。

第三天下午，小泽感到非常疲劳，索性蹲在地板上指挥，之后又跪在地板上指挥，汗水滴落在乐谱和地板上。他一次次地纠正第一小提琴手，可结果依然不满意。看着大师被汗水浸透了的头发、一脸的疲惫，第一小提琴手感到很难受，先是流泪、抽泣，后是失声痛哭："大师，对不起，您还是再选一个人吧，我不行。"

可是小泽却平静地说："只差一点了，再来一次。"拉完之后，大师点点头说：

"谢谢,请再来一次好吗?"就这样,第一小提琴手顺利过关。小泽接过毛巾笑着说:"你们都行,谁也没有理由泄气……"

别人认为你是哪种人并不重要,重要的是你是否始终相信自己;别人如何打败你并不是重点,重点是你在别人打败你之前,是否就先输给了自己。唯有时刻坚信自己,才能战胜灵魂深处的弱点,才能超过他人。

一个人如果想做到卓尔不群,就必须拥有鹤立鸡群的资本。承受不了忽视和平淡,就难以达到辉煌。只有经过普通人不曾经历的磨砺,才能让自己从一粒沙子变成一颗价值连城的珍珠。很多时候,成功者与失败者的区别,就在于能否相信自己。

有些人事业一帆风顺时,往往能把工作做到最好;可是一旦面对重大挫折,就会在畏惧之中退缩。其实,很多时候,那些所谓的挫折根本不像我们想象中的那么可怕,只要对自己多一些信心,就能够勇敢战胜它们。

郭霞陪同来自不同国家的学员参加了一个高级研修班,她主要负责录像、记录和事务性工作。仅过了一周时间,她就感到异常疲劳,甚至在心力交瘁之下,还要承受客户的冷言冷语。而且,客户都是海外大老板,由于她自己能力不佳,再加上语言不通,郭霞倍感压力。

在研修班结业的最后一天,老板给郭霞打了一个电话。只说了三件事:第一是对郭霞表示问候,第二让她先回家休息,第三向她询问了另一项工作的完成情况。因为另一项工作也由她负责,并且已经到了最后期限。

郭霞看到还要给自己安排工作,大发牢骚,抱怨满天,说了很多过头的话。老板听得有些蒙,但只听不说,最后挂了电话。

坚持不住痛苦的磨砺,必然是个失败者。郭霞并没有输给巨大的工作量,而是输给了自己。在工作中,与其在患得患失中犹豫不决,不如时刻鼓励自己,遇

11 恐惧于挫折？NO！——害怕是因为你懦弱

到困难时勇敢面对、努力解决。只有经历了更多的磨难，内心才能变得更加强大，也才能在日后的困境中更有信念和能力迎难而上。

每个人在过去都曾感觉到幸福和快乐，也曾经历过坎坷和挫折。幸福快乐时，会察觉到时间的短暂；而在痛苦时，常常会感觉到度日如年。其实，幸福和痛苦本身就是并存的，会享受幸福，自然也要学会承受痛苦。因为享受幸福，会让我们更加拥有成就感；而承受痛苦，则会让我们更加具备战胜困境的自信。

我们的人生注定了艰难，与其退缩逃避，不如勇于直面。英雄多磨难，战胜了自己，总有一天，我们会变成理想中的自己。

在美国，有一位穷困潦倒的年轻人，即使将身上全部的钱加起来也不够买一件像样的西服。可是，他依然全心全意地坚持着自己心中的梦想——当演员，拍电影，当明星。

当时，年轻人知道，好莱坞共有500家电影公司。他提前规划好路线，排列好名单，然后带着为自己量身定做的剧本一一前去拜访。但是，走了一圈，500家电影公司都不愿意使用他的剧本。

面对拒绝，年轻人没有灰心。从最后一家被拒绝的电影公司出来后，他又从第一家开始，开始了自己的第二轮拜访与自我推荐。结果，这一轮的拜访中，依然全部拒绝；第三次亦是如此。

年轻人咬紧牙关，毅然开始了自己的第四轮拜访。拜访完第349家后，没想到，第350家电影公司的老板居然破天荒地答应愿意让他留下剧本看一看。

几天后，年轻人获得通知，请他前去详细商谈。商谈后，这家公司决定投资开拍这部电影，并请年轻人担任剧本男主角。这部电影就是《洛奇》，这个年轻人就是史泰龙。1976年，30岁的史泰龙凭借自编自导自演的电影《洛奇》一举成名。

天降大任于斯人也，必先苦其心志。前后算起来，史泰龙一共碰壁1849次，可是他没有打退堂鼓，凭借着自信与坚持，终于在第1850次获得成功。所以，

~175~

每次战胜阴霾，都会拨开乌云见青天；向着阳光的方向，就会寻觅到人生的美好希望。

正如歌中所唱："不经历风雨怎么见彩虹，没有人能随随便便成功。"没有经历过风雨的人生，其实就是空乏的人生；没有经历过痛彻心扉，必然体会不到幸福的真谛；没有经历过困境的洗礼，怎能真正认清自己？因此，磨砺是人生中不可或缺的机遇，只有相信自己、敢于面对、勇于前行，才能取得最终的胜利。

如果想体味真正的快乐，就一定要学会承受痛苦的磨砺。人生路漫漫，我们根本不可能预见未来会是什么样，但是只要心存坚定信念、勇敢向前，就必然会迎来生命的春天。

没有绝望的事情，只有绝望的人

这个世界上，未曾有过真正的绝境，只是看你站在什么样的角度去看待处境。如果我们能够用积极乐观的心态去尝试去面对，用冷静的头脑去寻找脱离困境的办法，那么一切艰难险阻将不能抵挡我们前行的道路。

不安、绝望、不敢面对挑战，生活自然就会一片漆黑、满目疮痍。这个世界上没有真正令人绝望的处境，只有绝望的人。

蝎子的毒性很强，人如果被蜇伤，很可能会危及生命。一次，一个年轻人抓到一只蝎子，将它放到一圈燃烧的火炭中间。火越烧越旺，蝎子被阵阵热浪包围，在火圈里来回躲闪，想要逃出重围，但找不到出路，身体被火灼伤了，最后绝望地用毒针刺向自己，倒在地上。年轻人由此得出一个结论：蝎子一旦被大火包围，无法逃脱，就会用毒针刺向自己，选择自杀。这个结论被人们传了很多年，只要一说起这个故事，人们往往会嘲笑蝎子的懦弱。

为了证实这个结论的正确性，法国昆虫学家法布尔做了一个实验：他抓来一只蝎子，将它放到正在燃烧的炭火中间，蝎子果然四处乱跑，很快就无奈地"自杀"了。可是，法布尔没有停手，他用镊子把蝎子夹起来，放到清凉的沙子上。没想到，片刻之后，蝎子居然活了，跟之前一样活跃。之后，法布尔又抓来两只蝎子做实验，结果完全一样。法布尔由此得出结论：蝎子不会"自杀"，但它们会在绝望中假死。

法布尔不仅具有昆虫学家的知识，还具备哲学家的思想，他将自己的研究结论上升到了生命的境界，阐述了"只要活着就没有绝望"的命题。

生命是非常严肃的，不能遇到一点困难，就把生命抛弃。生命，不是一种享乐或一种磨难，而是一种义务，一种只要一息尚存就需要全力以赴的义务。让生命的最后一刻提前到来，是愚蠢的懦夫，其实只要自己充满信心，生命就不会有绝望。

生活中没有绝境，绝境只存在于你的内心。即使遭遇了不幸，也要坚持下去，显示出誓不低头的非凡气概。成功之人，不知道经历了多少绝境，但他们都在绝境中生存了下来，并通过绝境突破了思想上的樊篱，最终谱写出前无古人的神话。

桑兰是我国著名的体操运动员，曾经在中国体操队拥有"跳马冠军"的美誉。可是，她却在1998年的体操练习中失手，仅仅几秒钟的时间，身手矫健的她瘫痪了。

很多人都觉得命运对桑兰很不公，可是桑兰却没有沮丧，坦然地接受了这个事实。苏醒后，她没有流过一滴眼泪，仍然微笑着面对大家；她自己都不能动了，但不忘热心地关心队友；她还乐观地说，自己一定可以站起来。

之后，桑兰到北京大学新闻系学习并毕业，成了2008年北京申奥大使之一。2008年，桑兰在北京奥运官方网站担任特约记者，她终于坚持用自己的方式实现了自己的奥运梦。

成功的背后往往是满满的沧桑。为什么要担惊受怕？沧海横流，方显英雄本色；没有曲折的成功，也就少了一些意味。因此，当我们遇到困境时，一定要学会微笑面对、心怀希望，这样才能于绝境处逢生，同时也将积累一笔人生的财富。

在我们身边，很多人之所以没有成功，往往不是因为缺少智慧，只是因为他们陷入了自己认为的绝境，失望之下，也失去了继续奋斗下去的勇气。其实，人生并没有绝境，总会出现"柳暗花明又一村"的转折，你需要做的就是一如既往地相信自己和坚持努力。

11 恐惧于挫折？NO！——害怕是因为你懦弱

两年前，张铭到一家事业单位从事建筑设计工作。工作中，他认真负责，但很少跟同事交流。有一次，张铭利用双休日加班，把已经拟定好的设计方案自作主张地做了修改，而且还没有备份。设计室主任知道后，狠狠地批评了他，同事也只能陪他加班赶制设计图。

可是，张铭却认为自己的设计有创意，所以对于同事和领导都很不满意。张铭心里有意见，因而当同事出差时请他取个包裹，或职称考试时求他代个班，他都不愿意，因为他总觉得，只要做好自己就行，不用管别人的事。

慢慢地，同事都开始疏远他。在那一瞬间，他感到了绝望，工作做不好，人际关系处不好，不但没车没房，也没有女朋友，总想辞职。

人生不如意，十之八九。对你百依百顺的人、让你如愿以偿的事，往往只占少数。如果我们时时都要斤斤计较，世界也将就全变成了绝望。要知道：无论什么时候，心宽一寸，路宽一丈。

不管乌云多么黑，总会有一丝亮光。相信自己，坚持下去，我们终将能等到光明来临的那一刻。绝境，永远都是弱者的绊脚石，可是对于真正的强者而言，却是人生之路上的垫脚石。

在绝望中保持积极的心态、坚定的信念，成功必然会降临。没有积极的心态，人生之路就会是满满的疑云；即使出现了机会，也看不到、抓不着。所以，要学会保持努力向上的心态，再坚持一分钟，也许你就成功了。

现实生活中，不管会遇到怎样的人生绝境：可能你正身患绝症，生命不长；也可能你正迷茫，对明天失去了希望；或者你的事业已经陷入了困境；又或是你的公司即将面临破产……但是无论如何都要记住：只要活着，就有希望。想要放弃时，闭上眼，默默地对自己说三次："没有绝望的生活，只有绝望的人。"当你睁开眼睛时，就会看到胜利的曙光。

摔倒了，爬起来再继续往前

塞翁失马，焉知非福？有些挫折不一定是真正的挫折，它的到来只是为了让你变得更加强大。要学会感谢生命中的那些挫折，因为挫折能够锻炼我们克服困难的种种能力。

林肯在担任美国总统期间取得了辉煌的政绩。其实，他战胜人生磨难的成绩远比政绩更辉煌。这里，我们就做下整理：

1809年，林肯出生于伐木工人家庭，家里一贫如洗，吃了上顿没下顿。

7岁时，因为家里太穷，全家被赶出原居住地，林肯承担起了抚养家庭的重任。

9岁时，慈爱的母亲去世，林肯受到了巨大的精神打击，一蹶不振。

22岁时，林肯第一次经商失败，生活陷入艰难的境地，举步维艰。

23岁时，林肯参加竞选州议员，竞选失败；同年，林肯失业，想进入法学院，经过多方努力，但最终失败。

24岁时，林肯再次经商，结果失败，并欠下巨额债务，16年后才将这笔债全部还清。

25岁时，林肯再次竞选州议员，取得胜利。

26岁时，林肯准备结婚，结果未婚妻突然死亡。

27岁时，林肯的精神完全崩溃，卧床长达半年。

29岁时，林肯竞选州议员发言人，结果失败。

11 恐惧于挫折？NO！——害怕是因为你懦弱

31岁时，林肯争取成为选举人，没有成功。

34岁时，林肯参加国会大选，最终落选。

39岁时，林肯寻求国会议员连任，最终失败。

40岁时，林肯争取自己所在州的土地局局长职位，没有成功。

45岁时，林肯竞选美国参议员，最终落选。

47岁时，在共和党的全国代表大会上林肯争取副总统职位提名，结果少有人支持。

49岁时，林肯再度竞选美国参议员落选。

51岁时，林肯当选美国总统。

林肯的一生，都被抑郁症所折磨，而且婚姻生活也很不幸。曾经有人问林肯，你是如何走过这一路艰辛的？他略表惊讶地回答："奇怪吗？只不过是滑一跤，又不是死去爬不起来。"可见：成功，就是爬起来的次数比跌倒的次数多一次。

困苦磨难本身就不是什么魔鬼，在困难面前表现出来的萎靡和屈服才是最大的灾难。森林中的大树没有经历过暴风骤雨，没有搏击过千百回，树干必然不会变得结实；一个人不去经历种种挫折，人格和本领也不会走向成熟。所以，任何磨难，都是在帮助我们成长，只要在跌倒后勇敢爬起来，成功往往就在下一刻。

任何磨难，都是在帮助我们成长。哲学家斯巴昆说："许多人一生之伟大，来自他们所经历的大困难。"钢铁，总要经历过炉火的锤炼与磨削，才能成就锋利的斧刃、精良的斧头。人也是如此，没有经历过困难磨炼，没有跟挫折搏斗过，即使具备大有作为的才智，一生也不会有所成就。

塞万提斯在创作《唐·吉诃德》时，条件十分艰辛。那时的他贫困不堪，甚至无钱买纸，因而他把皮革当作纸张。有人劝一位西班牙成功人士去接济他，那位成功人士回答说："上天不允许我去接济他的生活，因为唯有他的贫困，才能使得世界丰富。"

挫折，足以燃起一个人的热情，只要将他的能力唤醒，就可以达到成功。有本领、有骨气的人，总能将失望变为动力。就像鹫鸟一样，当毛羽初成时，母鸟会将它们逐出巢外，让它们在空中学习飞翔，而被抛入空中的那一刻，它们的命运就牢牢地掌握在了自己的手中。

席勒为病魔缠扰十几年，而他最有价值的作品也正是在这个时期创作的。弥尔顿在双目失明、贫病交迫时，写下了著名的作品《失乐园》《复乐园》和《力士参孙》……对于这些大无畏的人，环境越是对他们有所压迫，他们就越会倍加努力奋斗，不战栗、不逡巡，胸膛直挺、意志坚定，敢于面对任何困难，敢于轻视任何厄运，敢于嘲笑所有的挫折。

挫折可以让我们学会接纳自己。在你成功时，要学会接纳自己；面对挫折时，更要学会接纳自己。只有看到自己的价值，才能在面对挫折时，催生灵魂真正的智慧，而后成为真正的英雄。

小张是新闻专业的毕业生，成绩优异，毕业之后到一家传媒公司上班。

入职之前，小张信心满满，觉得自己一定可以做出突破性的成绩。上班第一天，老板让小张做一份 Excel 表格，可是小张以前只接触过一点 Excel，对很多用途只是一知半解，因此花了很长时间都没有弄好，结果耽误了上司的工作，因此被上司说她工作效率很低。

由于在学校时，她各方面一直都很优秀，所以面对自己没做好的工作和上司的批评，小张感到十分内疚，开始有了失落感。

其实，这也只是小张人生中的一个小挫折。从学校的练习场步入职场的真正跑道，任何人都会觉得自己有些许的不适，可这却是成长必须经历的一步。

入职之前，我们积累的知识可能只是纸上谈兵，如果想实际运用，必然还需要一段时间的思考和摸索，因此不要暗示自己"能力有限"。在学校里我们掌握

11 恐惧于挫折？NO！——害怕是因为你懦弱

的绝大部分都是理论知识，而工作中需要的更多的是能力，只有将知识运用到实践中，才能在实践中升华，才能将理论知识变为工作能力，而这样的知识才更有价值。

挫折，能够增强我们的适应能力。一次又一次失败的滋味，虽然很苦，但却能教会我们怎样去适应、变通、成长。在适应中学会变通，在变通中不断成长，心态就会慢慢变好，成功也就指日可待了。

迈过眼下遭受的最大挫折，一步之后，或许就是成功。人生是由一个又一个的意外构成的，以何种方式来面对这些意外，主要取决于你自己。挫折仅仅是人生漫长旅途中一块小小的绊脚石，摔倒后，只要坚强地爬起来，必然将有一个明亮而又辉煌的前途。

咬咬牙，任何困难都是纸老虎

任何人心中都会有一个目标，可能这辈子都在为了实现这个目标而努力奔跑。但是，奔跑的路并不平坦，很多时候摔跤是在所难免的，甚至会摔得很疼。这时，如果想重新站起来，只要咬咬牙就能做到。

在漫长的人生旅途中，我们会遇到各种各样的挫折和失败。没有经历过失败的人生，必然是不完整的人生。正因为有了挫折，才有了勇士与懦夫之分。正如巴尔扎克曾说的："挫折和不幸，是天才的进身之阶、信徒的洗礼之水、能人的无价之宝、弱者的无底深渊。"

失败和挫折可以让我们走向成熟，前提是——咬紧牙关，坚持一下。

有几个登山爱好者一起去攀登一座险峰，就在他们登到半山腰时，突然下起了大雨。脚下的山道瞬间变得泥泞湿滑，几乎没有办法行走和攀登。

大家也都全部被淋湿了，绝大多数人都想下山，想等到天气好了再来。可队长却坚决地说："跟着我，继续走。"其他人都疑惑不解："不要命了？雨这么大，越往山上走，风雨越大，也越危险。还是下山吧！等天晴了，咱们再来。"

队长接着说道："往山顶走，风雨可能更大，但不会伤害到咱们的生命。山下风雨小些，似乎很安全，可是如果遇到山洪，我们就一点机会都没有了。"大家都觉得队长说的话有道理，于是打起精神，咬紧牙关，向着山顶继续而行。

大雨很快停止，他们也如愿地迎着阳光登上了峰顶。

11 恐惧于挫折？NO！——害怕是因为你懦弱

英国哲学家培根说过："超越自然的奇迹多是在对逆境的征服中出现的。"挫折并不可怕，适度的挫折，可以帮助我们驱走惰性，让我们继续奋斗。咬紧牙关战胜挫折，收获的便是喜悦。

任何人都不是你的双拐，你必须学会独自去闯荡；犯错的时候，要勇于面对。向后退缩虽然是一种自保方式，但你就彻底失去了成功的机遇。再困难，咬咬牙，总会过去的；即使犯了再大的错误，受了再大的误解，被困于再大的逆境，只要咬紧牙关，依然可以重来。

在华语歌坛，有一位家喻户晓的明星，他叫周杰伦。现如今，周杰伦是红遍海内外，但未成名之前他也是在一次次犯错和挫折中慢慢成长的。

3岁时，他就展现出了惊人的音乐天赋；高中时，已是学校的知名人物，自那时起，他就坚定地以音乐为梦想。

高中毕业后，他去了一家餐厅当服务生。在闲暇之余，他没有放弃自己的音乐梦想，经常买音乐资料、练习音乐。之后经人介绍，他获得了一次演出伴奏的机会；但精神抖擞的他，所伴奏的音乐与歌手很不和谐，台下嘘声四起，他搞砸了。

伴奏公司的老板发现他很有天赋，于是请他专职写歌。搞砸了伴奏的周杰伦，极其伤心，但老板的邀请让他坚定了不放弃的信念。因此，他又从头开始，从杂事做起，闲暇时学习音乐，只是这次他真的身处在了音乐的环境之中。

周杰伦写了很多歌，就在他以为可以放飞梦想时，他的歌却没有一首被录用。失落感再次笼罩了他，但仍未打垮他。他继续坚持着自己的梦想，坚持写着新歌。后来，老板对他说："如果你能在10天内写出50首歌，我就从中挑出10首，为你出唱片专辑。"

周杰伦知道这是一个极大的挑战，也是一个机会。因此，拼命的10天在不停歇的创作中悄然而逝，而50首新歌也如愿出炉。

半年后，他出了第一张专辑，一经上市就被抢售一空。而这只是开端，之后他迅速冲上并坐稳歌王的宝座；而第八届全球华语音乐榜，他还被评选为"最受欢迎的男歌手"。

周杰伦在遇到困难时、在犯错后，没有气馁，也没有怨天尤人，而是更加坚定了信念，积极地去改变，最终如愿取得了成功。其实，挫折没什么好怕的，它仅仅是一个过程而已。我们的人生之路到处都有挑战和困难，不要惧怕力不从心，只要咬紧牙关，一切困难自可迎刃而解，自己也会变得更坚强、更壮大。

困难是什么，挑战是什么？其实，就是我们面前的山峰罢了，只要咬紧牙关快速翻越即可。正如鲁迅先生曾说的那样："不在沉默中爆发，就在沉默中灭亡。"真正的勇士敢于直面惨淡的人生、敢于正视淋漓的鲜血，又何惧小小的困难？

李丽家境不好，父亲过世得早，母亲在市场卖菜，家里还有正在读书的妹妹。为了减轻家里的负担，上学的时候，她就一边上学，一边在淘宝上开了家服装店。

有一年，服装店的工作很不顺心，正好母亲又生病住院。白天她忙着跟胡搅蛮缠的顾客周旋，还要负责网店宣传、进货、销售等所有琐事，晚上下班后还要到医院照顾母亲。

一天早上，李丽4点起床准备到服装城取货，结果发现批发商那儿没有她想要的货；出门准备上学，却赶上了大雨，刚买的雨伞就散了架。李丽有种快要崩溃的感觉，很想自暴自弃，破罐子破摔。可是，想到命悬一线的母亲，还有求知若渴的妹妹，李丽再一次给自己打气。

之后，李丽拿出前所未有的勇气和决心，每天只睡4小时。终于皇天不负有心人，母亲病情好转，出了院；妹妹考上了重点高中；她自己的网店，也渐渐经营得风生水起。

高中毕业后，李丽专做网上服装店。如今的她，日进千元已经是毫无压力。

关键时咬一咬牙，任何困难都可以克服。人生就是这样，任何人都不可能一路顺遂，也不会永远都倒霉。遇到问题，咬咬牙勇敢面对，坚持到最后一刻，你的好运也会如愿光顾。

目标即希望
——设定个目标,坚定不移地去做

 0.01秒

你可以走多高，取决于你是否找准了自己的目标。没有目标，只能像没舵轮船一样随波逐流，最终搁浅在绝望、失败的海滩；只有明确了方向，才能走得更加稳健、持久，才可能最终到达顶峰。

目标是一切成就的起点。工作中，一定要将小事都跟自己的远大目标结合起来。成功的人生，其实就是一个完好的目标体系。当目标完全融入到生活之中，成功也就只是时间问题了。

只要扎扎实实地用好每一分钟，终将会有所作为。难得的是，养成一生都扎实地利用时间，因为有的人只是利用了青春，而有的人却仅仅用了自己一辈子的几年而已。

12　目标即希望——设定个目标，坚定不移地去做

伟人心中有志向，凡人心中有愿望

人之所以有伟大和渺小之分，是因为有的人实现了一个大目标，而有的人实现的却是小目标，甚至是没有实现目标。实现了大目标，就是大成功；实现了小目标，就是小成功。所以，目标越大，空间也就越大，时间也就越长，即所谓的胸怀大志和长远的战略眼光；而小目标，解决的只是眼前的问题。也就是说，伟人心中有志向，凡人心中有愿望。

英国诗人华兹华斯说："高尚的目标能切实地保持，就是高尚的事业。"大目标，是事业；小目标，其实就是生活而已。可是，不管你是怎样的人，都要有个志向或愿望。

在西北贫困地区，一天有位记者看到一个放牛的孩子，两人有了这样一段对话。

记者："你这么小，为何不去上学，却在这里放牛？"

孩子："挣钱啊。"

记者："挣到钱后，你要做什么？"

孩子："建房子，娶媳妇。"

记者："娶媳妇做什么？"

孩子："生孩子，这么简单的问题都要问？"

记者："为何要生孩子？"

孩子："让他们长大后放牛。"

还有一个真实的故事：

一个穿着简单的农夫领着两个孩子一起放牛，一群大雁从天空飞过。
弟弟看了看天空，说："如果能够像大雁一样，飞到天上就好了。"
父亲说："只要你想飞，肯定能飞上天！"
于是，兄弟俩都开始学大雁飞，可是都没有飞起来。
父亲对他们说："你们还小，经过努力，长大了，一定能飞起来！"
后来，两个孩子果然飞上了蓝天，他们就是美国的莱特兄弟！

两个故事的主人公，之所以会出现如此巨大的反差，主要原因就在于，他们的志向有着天壤之别。志向远大的人，心中会充盈着巨大的精神力量和旺盛斗志。即使是失败与挫折、困境，也会让他们鼓起勇气，不断克服困难、战胜自我。

"今日长缨在手，何时缚住苍龙。"盲目地飘荡，终归会让你迷失航向，更无法到达成功的彼岸；只有志存高远，方能走得更远、更高。正如美国19世纪哲学家、诗人爱默生所说："一心向着自己目标前景的人，整个世界都会给他让路。"

张良原本是战国时期韩国的贵族公子，祖父和父亲都做过韩国相国。韩国被灭后，张良也从贵族变成平民。为了报灭国之仇，他变卖了全部家产。后来，他认识了一个可以使用120斤重铁锤的大力士。他说服大力士去刺杀秦始皇，结果刺杀失败。为了不受到牵连，张良开始了逃亡生涯。后来，张良逃到下邳，悄悄住了下来。

一天早上，张良从一座桥上走过，看到一个穿着土布长褂的老头坐在桥头。他将一只脚搭在另一条腿上，一上一下地摇晃着。老头看到张良走过来，把脚往里一缩，鞋掉到了桥下。

老头没有下去拿鞋，而是用眼睛瞟了一眼张良，说："小子，还不快下去帮我把鞋捡上来。"张良听了很生气，心想：我又不认识你，为何要为你捡鞋？可

12 目标即希望——设定个目标，坚定不移地去做

是，看到老头头发胡子全白，满脸皱纹，便将心底的火气压了下去。他走到桥下，捡起那只鞋，上来后递给老头。结果，老头没有接，而是伸出一只脚。

张良立刻明白了，这是让自己为他穿呢。他心里默念：怎么还会有这种人啊！不过转念又一想，既然已经帮他把鞋捡上来了，不如好人做到底，于是便弯下腰给老人穿上了鞋。老头站起来，用手捋了捋胡子，大摇大摆地走了，连一句感谢的话都没说。

张良盯着老头远去的背影，见他走得又快又有劲，知道他不是个普通人。走了几步后，老头突然转过身，靠近张良："我很欣赏你，我可以指点你一下。"

张良很聪明，一听这话，就知道老头来历不凡，立刻跪下向他一拜："弟子张良拜见师父。"老头微微一笑，说："好！五天后天亮的时候，我就在这座桥上等你。"张良连忙答应。

第五天天一亮张良梳洗完毕，立刻赶往桥边。结果到那里时，老头已经站了很长时间了。看到张良磨磨蹭蹭的样子，他生气地说："小子，既然跟师父有约，就应该早点到，怎么还让我等你？"张良磕头认错。老头没理会他，挥挥手："回去吧，五天后再来。"说完就走了，张良只好垂头丧气地离开了。

又过了五天，张良听见鸡叫就起来，没有顾得上梳洗，直接奔向了大桥。可是，他还没跑到桥上，就看到老头已经在上面了。他拍了一下自己的脑袋，自言自语地说："又晚了！"老头瞪了张良一眼："五天后再来！"说完就走了。

五天的日子说长不长，说短不短，到第四天晚上，张良翻来覆去睡不着，刚过半夜，他就到桥上等着。不一会儿，老头就慢慢走来了。张良看到，立刻迎了上去。

老头看到张良，笑了一下："孺子可教也。"说完，他从怀里掏出一部书，递给张良，并告诉他："把这部书读明白了，将来就能做个有出息的人。"张良小心地接过书，老头便告辞了。

老头送给张良的就是《太公兵法》，张良如获至宝，没日没夜地阅读和理解，直到把它读得滚瓜烂熟，理解得深刻透彻。后来，张良遇到了沛公刘邦。张良多

次用从《太公兵法》中学来的方法向刘邦献计献策，最终得到了刘邦的赏识，他自己也成了杰出的军事谋略家。

一个不想当将军的士兵，必然无法成为好士兵，更不可能当将军和元帅。高尔基曾说："目标愈高远，人的进步愈大。"每个人都有这种体会：决定走十公里路程，走到七八里时，会因为松懈而感到很累，因为目标快达到了。可是，如果计划走二十里，那么走到七八里的时候，却是你最斗志昂扬的时刻。

志向较小的人，只会摸到手边的东西；而有远大志向的人，心中则放着整个世界。世界上最穷的人，并不是身无分文的人，而是那些没有志向的人。只有胸怀远大的理想，才能看到别人所看不到的东西，才能做到别人做不到的事情。

周俊十五年前毕业于模具设计和制造专业，学历是中专。如果放在当下，他的学历和专业技能都不占优势，可是如今的他却是当地一家规模较大的模具制造企业的主要股东与董事会成员，年薪200万。老板不仅给了他股份，还送给他一套近300平米的复式房、一辆宝马7系列座驾。

一个名不见经传的中专生，可以如此成功，为什么？他是如何在十多年的时间内取得这种成就的呢？

周俊最初打工时，只是一个操作工，一个月只有三百多块的工资。跟他一起来的同学都觉得工作辛苦，没有前途，纷纷改行。而周俊对自己的专业十分感兴趣，选择这个专业时，他就觉得有前途，准备把自己的一生都奉献给这个专业。所以，他一直坚持着自己的专业，并刻苦钻研技能。现在，他所掌握的技能，在许多技术领先的国家都十分少见。

心中有了蓝图，就能够从一个成功走向另一个成功。正如作家乔治·巴纳所说："远见是在心中浮现的将来的事物可能或者应该是什么样子的图画。"没有远大的志向，你只能茫然地飘荡，永远都无法达到理想的彼岸；所以，要问问自己：

12　目标即希望——设定个目标，坚定不移地去做

我要飞多高、飞多远、要飞到哪儿去？我为什么想要得到？我怎样才能够得到？因为它能决定你最后的成就究竟有多大。

　　拥有远大的志向，就像是汪洋大海中的一座灯塔一般，在航行中能够指引航行，但也依旧会遇到惊涛骇浪、暗礁冰山。如果想要冲破海浪，就要坚定地屹立，就要有冲破海浪和迷雾的信念和行动。

坚持目标，才能实现目标

目标是成功的灵魂精粹，目标的达成几乎可以与成功画上等号。成功学大师拿破仑·希尔曾说："设定明确的目标，是所有成就的出发点。"世界上只有3%的人会坚持自己的人生目标，这就是成功者很少的原因。很多人之所以会失败，就是因为他们确立了目标却没有坚持下去。

有些人，根本就不知道目标的重要性，或者根本就不知道如何设定目标。其实，在设定好目标之后，最重要的是坚定不移地努力实现目标。

有人曾经做过一个实验：

安排三组人，分别向二十公里外的一个村庄进发。

第一组人，既不知道村庄的名称，也不知道究竟有多远，只让他们跟着向导走。结果，刚走了四五公里，有的人就开始叫苦；走了一半时，有些人干脆生气了，说，怎么走了这么远还不到？何时能走到？又走了几公里，离终点已经不远了，有人却一屁股坐在路边不走了。最后，只有一半的人走到终点。

第二组人，知道村庄的名字和路段，但只能凭经验来估计行程时间和距离。走到一半的时候，很多人都想知道自己究竟已经走了多远，经验丰富的人说："大概一半吧。"接着，大家又相互搀扶着继续向前走。可是，走到全程的四分之三时，人们的情绪就不好了，纷纷喊累。这时，有人说："快到了！"大家才重新振作起精神，加快了步伐。

第三组人，不仅知道村子的名字、具体路程，每公里还设有一块里程碑。一边走，可以一边看里程碑，每缩短一公里大家就会有一小阵的快乐。路途中，大家不是唱歌，就是讲笑话，情绪一直高涨，根本就不觉得疲劳，很快就到了目的地。

目标，是人生的导航，指引着我们走向成功。漫无目的地漂荡，终归会迷路，心中的那座无价金矿，也会因不去开采而与平凡的尘土无异；只有拥有目标，内心才能充满力量，才能找到方向，也才能坚持走下去。

要想取得成功，第一步就是确立一个目标，并坚持下去。因为没有目标，就不会拥有动力；不懂坚持，也就无法实现目标。你可以走多高，取决于是否找准自己的目标；能否实现目标，则在于能否坚持下去。只有更加稳健、持久地走下去，才可能到达顶峰；不懂坚持，半途而废，就会像轮船没有舵一样，随波逐流，最终搁浅在绝望、失败、消沉的海滩。

西撒哈拉沙漠中有个小村庄叫比赛尔，在没被发现时，那里只是一个贫瘠之地，那里的人从来都没有走出过大漠。据说并不是因为他们不愿意离开那个地方，只是因为用了很多办法都无济于事。

后来，一个现代的西方人到了那儿，听说这件事后，决定做一次试验。他从比赛尔村向北走，结果仅用了三天半的时间，就走了出去。

经过这件事，他终于明白，比赛尔人之所以走不出大漠，主要是因为他们根本就不认识北斗星。最后，他告诉当地的一位青年：要想走出大漠，就白天休息、夜晚向着北面那颗最亮的星的方向走。

青年照着他的话去做，三天后果然来到了大漠边缘。从那以后，青年人成了比赛尔的开拓者，他的铜像被竖在小城中央，铜像的底座上有一行小字：新生活从选定目标开始。

拿破仑·希尔告诉我们，有了目标才能成功，目标是所期望成就的事业的真正决心。很多人都想将命运带入一个富裕而又神秘的港口，盼望在遥远未来的某一天退休，在某一个地方过上无忧无虑的生活。但是，你需要先为自己的生活定下一个长远的目标，并为之坚持不懈地努力。

成功的人生就是一个卓越的目标体系

成功的人生,其实就是一个卓越的目标体系。古人言:"不谋全局者,不足以谋一域;不谋万世者,不足以谋一时。"所以,要想成功,就要建立一个目标体系。

一个人可以有很多目标,但这些目标之间必须是有联系的,如果这些目标是彼此分离、没有逻辑关系的,做事情时他就会东一榔头、西一棒槌,生活就会出现时断时续的迷茫感,自然也就无法取得很高的成就。

在一座寺院里,有个小和尚担任着撞钟之职。从他的角度来看,就是早晚各撞一次钟,简单重复,谁都可以做,没有多大意义。小和尚撞钟持续了大半年,觉得实在太无聊,简直就是"做一天和尚,撞一天钟"。

看到他无法胜任撞钟之职,住持就让他去后院劈柴挑水。小和尚很不服气,难道是我撞的钟不准时、不响亮?老住持对他说:"你每天的钟撞得都很响亮,可是钟声疲软、空泛,没有任何意义。因为你根本就没有将'撞钟'这门看似简单却又意义深刻的工作放在心上。钟声不仅可以约束寺院中僧侣的作息时间,更会唤醒沉迷的众生。因此,钟声一定要洪亮,还要做到圆润、浑厚、深沉、悠远。心中没有钟,就是没有佛,就是不虔诚、不敬业,自然也就无法担任撞钟工作了。"

可能小和尚心里有自己的宏伟计划，可是他不知道的是，撞钟也是众多目标中的一个，这件事情做不好，就会让整个目标链条出现瑕疵，那么后面的目标也就无法很好地实现了。

任何一个小目标都应该是人生大目标的分解，是远大目标的缩影、基础；任何一个小目标的调整和变化，都会影响到人生整体的目标体系。每个目标所产生的效果应该是累加的，就像雪球效应一样，当目标一个个实现时，人生方向就越来越明确，实现的过程也会越来越顺利。

任何一份工作或者小事，都不会卑微到不值得我们去完成。也就是说，生活从来都没有小角色，只有小演员。在人生中，你可能给自己确立了很多很多小目标，但只有将众多小目标联系在一起，形成一个目标体系，这样每一件事才会变得更加有意义，生活也因此而充满活力，最终的成就也才会更加辉煌。

美国哈佛大学曾对一批优秀的毕业生进行了一次有关人生目标的调查。调查结果显示：27%的人，没有目标；60%的人，目标模糊；10%的人，有清晰但相对短期的目标；而只有3%的人，有着清晰而长远的目标。

哈佛大学对这一批毕业生进行了跟踪调查，25年之后，结果显示：那3%的人，他们在这25年里朝着一个目标坚持不懈地努力，现如今已经成为社会各界的成功人士；那10%的人，他们实现了预定的短期目标，在各自领域中独当一面；那60%的人，他们生活与工作相对安稳，平平凡凡；而没有目标的那27%的人，生活仍旧是漫无目的，并且时常抱怨。

其实，他们的差别从25年前就开始了，因为有些人知道自己想要什么、知道要怎么做，而有些人则什么也不清楚。

随便问身边的一个人，你的目标是什么？对方多半都会一笑了之，可能还会跟你说，目标是什么东西？可以吃吗？这种人，就是生活中的普通人，往往不会取得什么成功，他们只会把自己的时间浪费在电脑游戏或八卦中，却从来都不愿

12 目标即希望——设定个目标，坚定不移地去做

意把时间花费在对自己未来的设计里。

有句英国的谚语说："对一艘盲目航行的船来说，任何方向的风都是逆风。"所以，一定要建立一个目标体系，因为它是你努力的依据，也是对你的鞭策。清晰的目标，加上坚持不懈的努力，就是成功。

有了目标体系，内心也就有了一幅清晰的蓝图，自然也会将所有的精力和资源都集中在通往目标的前进道路上。一个庞大而完整的目标体系，它能对眼下和将来的工作起到关键的指导作用，让你的每个决策和努力都更有价值；它能让你更加有信心、勇气和胆量，做到处变不惊；它能让你不断地完善自我，最终取得巨大的成功。

0.01秒

在有限的时间，争取更多的东西

数学家华罗庚说过："成功的人无一不是利用时间的能手。"充分利用时间，能够起到事半功倍的效果。因而，我们不管做什么事，都要考虑节约时间的问题，利用自己有限的时间，争取获得更多的东西。

很久以前，在池塘边住着一只蟋蟀。蟋蟀很喜欢唱歌，而且声音很好听，每天天一亮，它就会站在一块大石头上放声歌唱。

夏天的一天，太阳高照，蟋蟀又站在了那块大石头上。一只青蛙跳过来，对它说："蟋蟀哥哥，夏天食物最丰富，还不赶快准备点过冬的粮食，不然冬天就要饿肚子了。"可是，蟋蟀却摇摇头说："夏天还没过完，不用这么着急！天气这么好，怎么不晒晒太阳、唱唱歌？"说完，它又接着唱起了自己的歌。青蛙看它不搭理自己，只好走开了。

秋天到了，尽管秋风瑟瑟，但蟋蟀每天依然站在大石头上唱歌。一只猫头鹰看到后，飞到它身边，说："蟋蟀哥哥，冬天马上就要来了，还不快准备过冬的食物？"蟋蟀说："你们都怎么了，为什么都让我储存过冬的食物？快走，快走！不要影响我唱歌！"猫头鹰看到自己的好心被对方当成驴肝肺，气得直跺脚，然后离开了。

冬天很快来临，寒风凛冽，蟋蟀饿了，但没有食物。它这才后悔当初没有听青蛙和猫头鹰的话，没有在有限的时间里去储存粮食，结果很快就冻死了。

12 目标即希望——设定个目标，坚定不移地去做

对于世间万物来说，时间都是有限的。只有在有限的时间里获得更多的东西，才能生存下去。否则，浪费时间，就如同唱歌的蟋蟀一样，等于在荒废生命。

如何充分利用时间是一个永恒的问题。其实，只要扎扎实实地用好每一分钟，终将会有所作为，难得的是养成一生都扎实利用时间的习惯。因为有的人只是利用了青春，而有的人却仅仅用了自己一辈子中的几年而已。对时间的利用不同，必然会产生不同的结果。

大科学家爱因斯坦的成才之路非常艰难。大学毕业后，他想当一名物理学家，可是因为自己是犹太人，最后只能做一名邮政局小职员。然而，艰难的生活没有动摇他的决心。他每天都会将一天8小时的工作在4个小时内干完，而剩下的时间，则全部用来学习和研究。在长期的坚持和努力下，他最后终于取得了众人瞩目的成就。

人都具有一种微妙心理：时间太过充足，注意力就会就下降，效率自然也会跟着降低；如果具体完成的时间相对紧张，就会自觉努力，自然效率也就提高了。人的潜力很大，而限制时间通常不会影响身心健康，但能提高办事效率，何乐而不为？

犹太人喜欢把时间视作金钱，常以1分钟得到多少钱的概念来工作。比如：请员工做事，工薪都是用小时计算的；会见客人，也常常会恪守时间，绝不拖延。这种对时间的利用，完全值得我们学习。

在城郊的居民区住着三户人家，他们的房子紧紧相邻，三个男人都在附近的一家炼铁厂工作，工作辛苦，工资不高。下班后，三个人都有各自的活法。男人甲到城里去蹬三轮车，男人乙在街边摆修车摊，男人丙则关在家里看书，写点文字。男人甲钱赚得最多，生活有结余；男人乙也过得不错，能对付柴米油盐的开支；男人丙虽然没有额外的收入，但也活得从容自在。

有一天，三个男人说起了自己的愿望。男人甲说："我只要每天都有车蹬就满足了。"男人乙说："我希望有一天能在城里开一间修车铺。"男人丙说："我以后要离开炼铁厂，靠文字吃饭。"其他两位都不相信。

5年过去了，他们还是过着同样的生活。10年过去了，男人甲下班后依然会到城里蹬车；男人乙确实在城里开了一家修车铺；而男人丙发表了一些作品，在当地引起了强烈反响，不久之后他的作品被一家出版社看中，他也如愿到省城当了编辑，一边工作，一边著书。

逝者如斯夫，不舍昼夜！我们每天都会撕一张日历，日历越来越薄，快要撕完的时候有些人会感到吃惊，时间为什么会这样快？把几十年的日历装成合订本，那便是我们的全部生命，一页一页地往下扯，该是什么滋味？

哲人伏尔泰问："世界上，什么东西是最长而又是最短的；最快的而又是最慢的；最能分割的又是最广大的；最不受重视的又是最受惋惜的；没有它，什么事情都做不成；它使一切渺小的东西归于消灭，使一切伟大的东西生命不绝？"答案就是：时间。

得到时间，就是得到一切。充分利用你的每一点时间，就会有意想不到的收获。所以，智者总会合理利用自己的时间，而愚者则总是在浪费自己的生命。

鲁迅先生曾说："我不是一个天才，我只是利用别人喝咖啡的时间写作而已。"鲁迅先生之所以能成为一位著名的作家，不仅是由于他独到的眼力和犀利的话语，更大的原因是他充分利用了自己的时间。因此，在工作之余，我们完全可以多看一些对自己有益的书，丰富自己的精神世界；或是多做一些工作，以求能在职场中取得更大优势。只有在有限的时间内争取更多的东西，我们才能在成功之路上超越别人、领先别人。

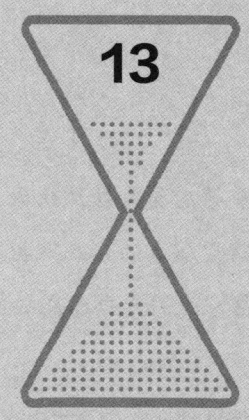

找到潜能的秘密
——激发出潜能也就有了生命的力量

 0.01秒

温室里的小花，怎么能够忍受得住风吹雨打？盆栽的植物，如何能够长成参天大树？成长是需要压力的，只有把承受的压力适宜地转化成前进的动力，才有可能获得人生的幸福和成功。

每个人心中都有期待和信仰，这些潜意识的东西支配着我们的生活，它不会和我们开玩笑。所以，你的期待和信仰是积极的，生活也就是积极的。

退路是尚未成功时保留力量的借口，是失败时冠冕堂皇的退缩理由，只有敢于切断退路，只有具备破釜沉舟的勇气，才能抓住机会并全力以赴。

13　找到潜能的秘密——激发出潜能也就有了生命的力量

问问自己，你到底想要什么

心理学家汉斯·塞耶尔说过："人脑是一种比原子弹更具威力的心理炸弹，能在每个人封闭的力量内部引起分裂，相应地释放出巨大的能量。"失败，并不是因为命不好；成功，也不是因为命好，而是都跟自我认识有关。每个人身上都有座金矿，开采的多与少取决于自我认知的多与少。所以，要想挖掘出自己更多的潜能，就要问问自己：你到底想要什么？

有个小伙子，对自己的工作不满意，便跑来向专家咨询。

专家问："那么，你到底想做什么？"

"我也说不太清楚，"小伙子犹豫不决，"我没考虑过这个问题，只知道目标不是现在这个样子。我想找份称心如意的工作，改善自己的生活处境。"

"你有什么爱好和特长？"专家接着问，"对于你来说，最重要的是什么？"

"我也不知道，"小伙子回答说，"这一点我也没有仔细考虑过。"

"如果让你选择，你想做什么呢？你真正想做的是什么？"专家对这个话题穷追不舍。

"说不准，"小伙子感到很困惑，"我真不知道自己究竟喜欢什么，我从来没有思考过这个问题，我想我确实应该好好考虑考虑了。"

专家说："你想离开现在所在的位置，到其他地方去。但是，却不知道想去哪里。既不知道自己喜欢做什么，也不知道到底能做什么。如果你确实想做点什么，现在必须拿定主意。"

许多人之所以在生活中一事无成,最根本的原因在于他们不知道自己到底要做什么。不知道自己想要什么,也就无法确立目标,自然也就缺少行动的方向,做起事来也就没有什么动力。因而在生活中,明确地知道"自己究竟想要什么?"是很必要的。只有在知道自己的目标是什么、到底想做什么之后,才能提高做事的兴趣和动力,也才能真正实现自己想要的生活。

很多时候,生活都会让我们疑惑:自己明明用尽全力去辛苦工作,但事情并没有多大改善;但身边的一些人,尤其是那些昔日的同学、朋友或邻里,他们似乎不费吹灰之力,都是幸运当头、得其所愿,到底是为什么?其实,他们之所以能够获得成功,并不是能力比你强多少,而是因为他们清楚地知道自己究竟想要什么。

每个人都渴望成功,即使老天没有给我们指引,我们依然有能力克服每一个挑战。因为人的潜力是无穷的,只有真正认识了自己,才能发挥出你的潜力。

强者之所以强大,是因为他们会拿出自己最好的一面去面对生活,所以才能够激发出自己的潜能,能够超越所有人,能够更好地生活。每个人的潜能都是无限的,你是一个什么样的人,都由你自己决定。

爱迪生小时候,学校老师都说他是低能儿,并把他赶出了学校。但是,他的母亲并没有放弃对他的教育。在母亲的帮助下,爱迪生的潜能被激发了出来,最终发明了留声机、电灯、有声电影等,大大提升了人类的生活质量,他也成了世界上最著名的发明大王。

不得不说,很多人之所以普通,只是因为他们根本就不能够认清自己、不知道自己究竟想要什么。不要埋怨命运让你成为凡人,不要担心自己天生平庸,只要能够唤醒心中的那个自己,任何人都可以翻转自己的人生,过上梦寐以求的生活。

13 找到潜能的秘密——激发出潜能也就有了生命的力量

生活就像是爬山一般，美好的风景总要站在最高的地方才能看见。但只有少数人能够爬到山顶欣赏到美丽如仙境般的风景，因为他们明白自己能够登顶的能力，也清晰地知道自己究竟想要什么。

张元是公司的实习生，性格内向，胆子小，在公司都不敢大声说话。但是，他做事沉稳，是老板的好员工、同事的好帮手。

公司办年会时，总监提议让张元当主持人。张元连忙站起来说："我……我不会，也没……没什么经验，还是……还是让别人……做吧。"由于太紧张，说的话还有些结巴。总监说："没事，我看好你！到时候放开胆子，大点声音就行。"张元看总监心意已决，只能硬着头皮接下这个任务。

张元知道总监是为自己好，可要是将事情搞砸了该怎么办？为了不让总监失望，张元每天下班之后都进行练习，一有时间就背稿子，模拟主持流程。一个月后，张元口齿清晰，站在台上也没有以前那么紧张了，说话声音也大了，结果年会主持得很成功。

职场，是一个锻炼人的地方。张元有了清晰的目标，再加上自我的完善，终于将一个曾是难题的年会主持成功。所以，不知道自己究竟是怎样的人，永远都不会明白自己到底有多优秀。一个人的能力不会一直沉睡下去，只有真正认识自己的内心、明确究竟想要什么，才能唤醒沉睡的动力，才能拥有精彩的人生。

自我施压，将内心的潜能彻底唤醒

当今社会，竞争越来越激烈，我们都生活在一个充满压力的世界里。然而，有压力不一定是件坏事，正是这种无穷无尽的压力，才让我们不断地进步和成长，由稚嫩变得成熟。

每个人的成长都需要压力，因为压力，我们才能唤醒内心沉睡的潜能，才能不断追求更高的目标，才能最终达到胜利的顶峰。人生就像高压锅，压力达到一定程度的时候，自己就具备了"熟"的能力。

毕业后的每次同学聚会，小桐几乎从没来过。周强给他打电话，约他在上学时常去的那个小餐馆见面。不知为什么，周强看到小桐的第一眼忽然就有种奇怪的感觉。寒暄几句之后，点了几样小菜，喝了几杯小酒，话也渐渐变多，周强才渐渐明了：十几年过去，小桐看起来竟然跟大学那会儿没什么区别，除了年龄，他仍旧穿着皱巴巴的T恤，玩着上学时玩的那几款网游……

没有共同语言，喝酒也变得有些百无聊赖。临告别时，小桐拍了拍周强的肩："我知道，我这几年混得不好！""同学之间，提这些干吗？"周强眉头紧锁，挤出这么一句。

后来周强又见过小桐几次，无一例外，小桐每次都是抱怨工作，抱怨自己混得不好。周强问他："想不想换种生活？"小桐点点头又摇摇头："每天都想，

13 找到潜能的秘密——激发出潜能也就有了生命的力量

可是怎么换？现在这份工作很稳定，要是像你们那么辛苦，我根本就吃不消。"周强不再说什么，心里隐约有一种惋惜。

小桐的生活之所以几十年如一日，主要就是因为他工作稳定、没有压力，因而也没了前进的动力。当别人都在自我施压下努力前进的时候，他却依然停在原地，久而久之，只能徘徊于迷茫的边缘，早已没有了承受压力的勇气和魄力。

人生如逆水行舟，不进则退。只有给自己一些压力，才能让我们变得更优秀，生活才会回馈丰厚的回报。正如索达吉堪布曾说："人生需要一些压力，才能激发自己抵御逆境的潜力。那些没有丝毫压力、整天得过且过的人，就像风暴中没有载货的空船，往往一场突如其来的'狂风巨浪'，便会把他们轻易打翻。所以，压力对有智慧的人来说，确实是一种动力。"

很早时，玄奘在长安的一个有名的寺庙里修行，可是寺院中全是人才。他虽然潜心苦读，但总是出不了头。玄奘打算到偏僻的小寺里去修行，因为他觉得这样自己很快就会出名。

寺院的方丈知道了玄奘的想法，就把他带到了后山的林子里。方丈问玄奘："你知道为什么这些灌木永远成不了栋梁吗？"玄奘低下头思考，一时没有回答。

方丈接着说："你看，那些长得郁郁葱葱的树之所以能长高，是因为周围的竞争环境。在外在的压力下，它们才长成了参天大树。而灌木却因为没有压力和竞争，也就没有激发出生长的潜力，自然也就只能做烧火的柴木。"听了方丈的一番话，玄奘茅塞顿开，从此他坚持刻苦钻研，终于成了一代高僧。

压力，就是一把双刃剑，有积极的一面，也有消极的一面。压力的缺失，必然会导致积极动机不足、感觉不到自我价值、注意力空置等不良状态的出现；而适当的压力是种动力，能够催人奋进，能够激发人们的工作热情，让个人的自我价值得到充分体现。

可能有人会说，就算我没有目标，没有任何压力，也会照样生活下去。实际上，你也只是在麻木地、机械地生活而已，久而久之，生活的动力渐渐消失，做事的效率也渐渐下降，甚至是频频出错而不自知。

有压力才有动力。现实确实是这样，小到生命个体间为了生存而抢夺食物，大到宇宙间通过压力相互协调。而我们要做的就是，发挥压力积极的一面，让自己产生做事的动力。

钟小姐在一家国企单位工作，仅用了三年时间，就成了助理经理。可是顺利的职场生活，却让她看到了五年后的职业瓶颈，她心想："我只能在这些工作里原地踏步。"

为了改变自己的事业发展路径，钟小姐想过跳槽，可是即使跳槽，也只不过是在重复之前的事业发展。于是，钟小姐决定用留学来改变这一切，准备辞职到美国芝加哥攻读 MBA。

刚到国外时，钟小姐一点都不适应，语言也不通。国外的大学一般都是入学容易，毕业很难。所以，钟小姐每天只休息 4 个小时，其他时间都用来学习；而她仅用了三个月的时间，就完全明白了当地人在说什么，而且还能说一口流利的英语。

钟小姐从来都没有如此努力地学习过一门语言，看到自己能够在这样短的时间内掌握一门外语，她也感到很不可思议。在回国之后，她的经历让很多用人单位青睐，最终她选择了一家法资知名银行。

最出色的工作，往往是在逆境之下完成的。压力，其实都是上天恩赐我们的一次挑战、一次机遇。风雨过后就是彩虹，只要我们顶住压力、坦然面对，把压力变成进取的动力，努力挖掘自己的潜力，相信胜利就在不远处的地方等着我们。

温室里的小花，怎么能够忍受得住风吹雨打？盆栽的植物，如何能够长成参天大树？井无压力不出油，人无压力轻飘飘。只有顶住压力一步步往前走，才能实现自己的最大价值；只有肩负压力，才能拥有更强的动力，也才能追求和实现自己的目标和梦想；只有把承受的压力适宜地转化成前进的动力，才有可能获得人生的幸福。

不要将压力当作阻力，成功时，不要放松；失败了，也不要气馁，要稳稳地把这份责任背起，让自己一步一个脚印地向着成功的彼岸慢慢走去。努力做好眼前的事情，让自己在压力中不断地重生和进步，成为一个有价值的人。

物竞天择，适者生存。这是世界的生存法则，所以人逃不开压力的袭击，而只有顶住压力继续前行的人，才能在社会的生活中立足。

使用积极暗示,开发自己的潜能

人生事业的发展有一个最大的敌人——消极心态。消极心态,即一种消极的心理暗示,它能够让我们情绪低沉,以致陷入焦虑不已和无所事事的状态。因此,我们需要扭转消极心态,以积极的态度工作和生活。

日常生活中,对于同样的一件事情,不同的人有不同的看法,也会有不同的反应,关键就在于你是从哪个角度去剖析和诠释的。也就是说,给自己消极的心理暗示,情绪就会变得低沉、沮丧;而给自己积极的心理暗示,心情就会变得愉快阳光。

已经十年了,慧婷还是在原地踏步,日复一日地处理报表的工作。她对工作投入的精力越来越少,现在完全到了厌恶的地步。每次来到办公室,她总是一副懒洋洋的样子,任何事情都提不起兴趣;每次看到桌上的报表,慧婷就会感到头疼烦躁,工作表现十分差劲。对此,上司已经警告过她了。

十年的重复劳动已经磨光了她的锐气、斗志和热情。曾经的同学,升职的升职、创业的创业、出国的出国。而慧婷就在这个看不到未来的工作中继续消耗着自己的生命。慧婷越想越焦虑,但对此又下不了决心去改变,最后患了抑郁症。

消极的暗示,会让一个人陷入无法自拔的自卑情绪中。慧婷难道就不想好好工作吗?当然不是。如果她愿意尝试,放手去干,绝对有能力完成任何一项工作,

13 找到潜能的秘密——激发出潜能也就有了生命的力量

而且会做得很出色。可是，她为什么不去干呢？因为她心态消极、异常自卑，导致她的能力发挥受到了限制，那么她的潜力自然就无法被挖掘出来。

消极的暗示，会带来消极的能量；反之，积极的暗示，则会带给人积极的力量。因此，要给自己的潜意识增加一些美好的激励和启迪人的话语。一定要记住，你的潜意识是不会去识别"开玩笑"的，无论你怎么想，潜意识都会把它当成真的。

三国时期，曹操率领自己的部队讨伐张绣。当时正好是七八月间，太阳毫不留情地烤着大地上的一切。士兵们口渴难忍，行军速度越来越慢，有些体质弱的士兵甚至还因为体力不支晕倒在道旁。

曹操看到这个情景，很着急，如果再这样下去，部队根本无法在预定的时间到达目的地，战斗力也会大大削弱。于是，他将向导叫过来，问他："附近有水源吗？"向导说："最近的水源在山谷的另一边，路程还挺远。"

曹操想了想，双腿一夹马肚子，快速地赶到队伍前面，大声地对士兵们说："将士们，前边有一大片梅林，听说那里的梅子长得又大又红，很好吃，咱们加快脚步，过了这个山丘就到了。到时候，就可以饱餐一顿。"士兵们一听，精神大振，口水都流了出来，步伐也加快了许多。

心理学家经过长期研究得出这样一个基本规律：潜意识一定会服从于暗示，它没有能力做出任何的对比和判断，本身没有主张，你所做的事情都只是意识所做的事情。所以，心理暗示，会让人不由自主地按照一定的方式去行动，或者不加批判地接受一定的信念。

在前文"望梅止渴"的故事中，曹操就是运用了心理学上的这种现象——暗示。每个人心中都有期待和信仰，这些潜意识的东西支配着我们的生活，它不会和我们开玩笑。所以，你的期待和信仰是积极的，生活也就是积极的。

拿破仑·希尔说："一个人能否成功，关键在于他的心态。成功人士与失败者的差别在于成功人士有积极的心态。"拥有积极的心态，就会觉得自我形象良好，也能从容面对工作中的难题。

当"你就是一个强者""你一定会成功""你可以""你能行"这些信念都进入到你的潜意识时，它们往往就会成为你的"自动导航系统"，从而使你的行动更加自然，大幅度提升你的成功率。

一位年轻的女歌手，一直期待一次面试，终于有一天她被邀请去试唱。可是，她一直都很担心自己到时候不能充分发挥出自己的演唱水平，导致演唱失败。

女歌手知道，自己的嗓音其实很好，只不过总是怀疑自己。日久天长，这成了一种潜意识，以致成为她演唱的障碍。为了改善这种状况，女歌手将自己关在屋子里，坐在沙发上，放松身体，让自己平静下来，然后在内心中告诉自己："我唱得很优美，我会很沉着，很自信。"接着，女歌手饱含感情地重复了多次。晚上睡觉之前，她也会这样重复默祷。一周之后，她信心十足地去参加试唱，结果顺利通过。

积极的心理暗示能够改名一个人的命运，一定要记住："积极的心态像太阳，照到哪里哪里就会亮；消极的心态像月亮，阴晴圆缺变换不同。"所以，要经常为自己埋种一些好的、积极的、健康的、向上的暗示种子，并且每天用饱满的热情来浇灌，如此工作和生活，才能事半功倍。

积极的心态需要培养和锻炼。为了更好地工作和生活，为了实现自己的成就和梦想，我们要学会在内心栽种积极的幼苗。

1. 最重要的是今天的心情。过去的已经一去不回，再怎么悔恨也无济于事；未来的可望而不可及，再怎么忧虑也是空悲伤。只有把握住今天的心、事和人，才是实实在在的。

2. 好心境是自己创造出来的。你无法改变别人的看法，但能改变自己。让生活变好的金钥匙不在别人手里，所以放弃怨恨和叹息，美好生活就会唾手可得。

13 找到潜能的秘密——激发出潜能也就有了生命的力量

3.用心做好自己该做的事。人生是如此短暂，哪有心思去浪费？既不要伤害别人，也不要被别人的批评而左右；按照自己的愿望和目标，踏踏实实学好本领才是关键。

4.别总是跟自己过不去。学会欣赏自己，也就有了获取快乐的金钥匙。给自己一些信心，就会多一点愉快；给自己一脸微笑，何愁没有快乐的人生？

5.不要追逐世俗的荣誉。庸俗的评论会湮灭自己的个性，世俗的指点会让自己不知所措，钱权的争夺会让自己内心蒙蔽，只有坚定自己的信念，才能"出淤泥而不染"。

6.不要让自己活得太累。累，是精神上压力大，是心理上负担重。要想不累，就要学会放松自己，因为生活贵在有张有弛。

不要给自己留太多的退路

不给自己留退路,就能让自己的信心和勇气都集中在前进的道路上。破釜沉舟,所有的困难,都会被你踩在脚下;任何的挫折,都会被甩在身后。在历经千辛万苦之后你会发现,成功原来距离你并不远。

人生就是一场没有退路的旅行,成功的人生永远都没有退路。如果想得到成功,一定要给自己设定一个没有退路的悬崖。没有退路时,就只能往前走,而成功就在前方等着你。

年轻人向一位船工学划船,船工让他先学会游泳。年轻人搞不明白,问:"为什么?"

船工说:"不会游泳,划船时就会担心失足落水,一旦有了这种担忧,也就无法专心划船了。"

年轻人说:"我不会游泳,学划船时定然会小心翼翼,岂不是更有利于学习?"

两个人说的都有道理,但我更赞同年轻人的看法。船工的说法,无异于为自己留了一条后路,自然也就无法做到心无旁骛,甚至可能还会因此而懈怠学习;而年轻人不会游泳,他没有了后路可选,定然会要求自己努力学好划船,因为任何人都不敢随意丢掉生命。如果你踏上的是一条荆棘之路,身后没有退路,肯定会心无旁骛地走完;即使再难走,也会想办法克服,因为你已经没有了别的选择。

13 找到潜能的秘密——激发出潜能也就有了生命的力量

退路是尚未成功时保留力量的借口，是失败时冠冕堂皇的理由。只有敢于切断退路，只有具备破釜沉舟的勇气，才能抓住机会并全力以赴。

很多时候，无路可退的人总是更容易得到成功，东西南北四个方向，只有往北走才能活下来，这时你还会有别的选择吗？如果想在人生中得到非凡的成就，就一定要在关键的时刻将自己挤进死胡同，让自己背水一战，放手一搏。如果要往前走，就绝对不能朝后看。优柔寡断、犹豫不前，只会让我们错失良机；集中力量最后一搏，总会从失败中找到转机，将不可能变成可能。

一个成功学大师曾组织过一次穿越丛林比赛。比赛规则很简单：每位参赛选手的手中都有一幅地图，上面有四条通往目的地的路，用最快的速度到达目的地，就算赢。

面对这个如同迷宫一般的丛林，参赛者都不敢确信自己能否走出去。参赛者们怀着试试看的态度出发，如果路走不通，多数人都会从原路返回，再选择其他路。但是有个参赛者却从地图上撕下三条路，只为自己准备了一条路，最后他带着只有一条路的地图出发了。

大多数参赛者心里都有个想法：如果这条路走不通，就立刻回来。结果，只顾着看地图上的其他三条路，却没有仔细研究自己脚下的路，走着走着，往往就找不到出路了。无奈，只能原路返回，选择其他路。结果，四条路各自尝试了一遍，耽误了更多的时间。

只有那个怀揣着一条路的人，一门心思地往前走，遇到困难时，就拿过地图仔细研究，寻找解决办法。最后，他跨过各种艰难险阻，第一个到达了目的地。

世界著名的成功学家拿破仑·希尔在他的著作《思考致富》中，曾提出了一个成功学理念——"过桥抽板"。这就是说，切断自己所有的退路，努力一把；在你无路可退时，总能激发出最大的潜力，调动起所有的激情，义无反顾地往前走，一直到最后。

不管选择哪条路，只要坚持下去，就可以到达终点。退路是前进的绊脚索，人生路上，只有勇敢斩断牵绊住双脚的退路，只为自己留下一条路，才会一往无前，取得最终的胜利。只有具备破釜沉舟的勇气，不给自己留后路的选择，才能有机会冲上生命的巅峰，俯瞰广阔的亮丽风情。

李默学的是广告设计专业，大学毕业后，想在上学的城市找一份跟自己专业相关的工作，可是父母想让他考公务员。李默在公务员和专业工作之间挣扎，既想接受父母的建议，也不想放弃自己的专业。最后，他想到一个折中的方法：一边工作，一边学习。平时努力工作，需要考试了，就去考考。

可是，一个人的精力是有限的，将有限的精力分配在两件事情上，必然会带来不利的影响。李默既没有在工作上有所建树，也没有提高专业技能。结果，两年之后，同学们升职的升职、加薪的加薪、结婚的结婚，只有李默依旧不知道要做什么。

从一定意义上来说，只走一条路的人，更容易成功。因为别无选择，才能不顾一切地向着目标冲刺。成功不是不劳而获的，也不会无缘无故地走到任何人的面前，不管你选择哪条道路，都免不了遇到艰难坎坷，只要不退缩、不放弃，就能一步步迈向成功。

在成功者的眼里，最大的失败就是给自己留了太多的可能性。今天很残酷，明天会更残酷，而后天则会十分美好。可是，很多人都会将坚持和努力掐死在明天晚上，只会有很少的人能够看到后天的阳光，所以他们成功了。如果想取得成功，就要斩断自己的后路，置之死地而后生。

无法后退，就只能前行；没有退路，就会更加努力地探寻出路。生活中，退路其实就是在给自己的不成功找借口，在为自己的失败赋予一个冠冕堂皇的理由。只有切断退路，才能心无旁骛地迎难而上，才能将我们面对困难的恐惧转变为求生的欲望和战胜困难的勇气，让我们走向成功。

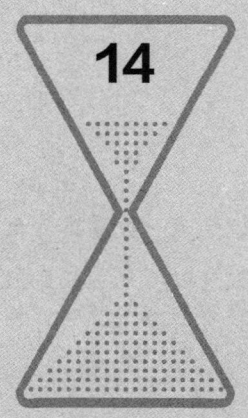

无人走过的路
——别人没做过的事更需坚持

知识是一种境界，见识也是一种境界，而胆识则驾凌在知识和见识之上。也就是说，一桶知识可以换来一滴见识，一桶见识只能变成一滴胆识。

即使有成千上万个苹果从树上掉下来，也不见得人们都会像牛顿一样产生天才的灵感。很多发现和发明看起来纯属偶然，其实是经年累月的积累。

只有付出，才能有所收获。就像农夫，每天辛勤地耕耘，才能收获应有的硕果。一味地接受，而不懂付出，结果只会贫瘠一片，足迹罕至。

创新，是成功的必然模式

什么是创新？所谓创新就是：去做别人没有做过的事，去走别人没走过的路，去打破自己的思维定式。成功没有不变的模式，唯有创新！

华特·迪士尼先生经常说的一句话是："一切都始于一只老鼠。"年轻的时候，迪士尼在一家公司做美术设计，后来失业了，只好待在家里。他和妻子居住在一间老鼠横行的公寓里，但失业后，没了经济来源，付不起房租，夫妇俩被迫搬出了公寓。

一天，二人呆坐在公园的长椅上。正当他们为了工作一筹莫展时，突然从迪士尼的行李包中钻出一只小老鼠。望着老鼠机灵可爱的面孔，夫妻俩一扫阴霾，心情一下子好了很多。

迪士尼头脑中突然闪过一个念头。他对妻子惊喜地大声说道："我想到一个好主意。在我们周围，很多人都跟我们一样穷困潦倒，都很苦闷。如果能够将小老鼠可爱的面孔画成漫画，让人们从小老鼠的形象中得到安慰和愉快，不是一件快乐的事吗？"就这样，风行世界数十年之久的米老鼠诞生了。

失业前，迪士尼住在公寓里，每天从早到晚都跟老鼠生活在一起，并没有产生这种设想。而在穷途末路、面临绝境的时候，却出现了这种灵感。原因何在？因为，很多意想不到的东西都可以成为触发灵感的媒介物。

一位名人说过："只有先声夺人，出奇制胜，不断创新体制、产品、市场和压倒竞争对手的新形势，企业才能立于不败之地。"所以，任何创新，都需要超前意识。企业经营如此，个人的成长更是如此。

创新，是一个人特有的认识能力和实践能力，是一个人主观能动性的高级表现，是一种推动人类社会发展的不竭动力。若要走在他人前面，就不能缺少了创新思维，不能停止创新。

在全球一体化、信息化的趋势下，科学技术日新月异，人类知识总量成番增长，生活可谓是瞬息万变。因此，我们必须站在世界的高度去审视自己、衡量自己，要随时随地发现自己的不足并努力克服，勇于创新、敢于奋进，不断地完善和超越自己，以免遭遇被淘汰的危机。

一家大公司招收新员工，设置了这样一个问题：在一个狂风暴雨的夜晚，你开着自己的车经过一个车站。这里，躺着一个奄奄一息的老人，站着一个曾经救过你命的医生，坐着你的梦中情人。他们都需要搭乘你的车，可是你的车只能再坐一个人，这时候你会如何做？请解释理由。

任何人都有自己的选择。老人快死了，应当先救他；先让医生上车，就可以抓住机会，报答他了；让梦中情人上车，你们就可以来一段浪漫之旅，机会一旦错过，就可能再也没有了。

结果，在将近200个应聘者中，只有一人被聘用。他是如何回答的？他对面试官说："将车钥匙给医生，让他带着老人去医院，我会留下来陪着梦中情人一起等公车。"

这种回答，足以让所有人拍手叫好。它并不是一般意义上的回答，而是巧妙地换了一个角度，照顾到了所有人，这就是创新思维。

如今，出国留学的人有很多，可是很多中国学生都缺乏个性和创新能力。据说，国外一家著名软件公司的在华机构招聘员工，在上海交大设点时应聘人员只

14 无人走过的路——别人没做过的事更需坚持

有 800 多；而在西安交大，2000 多人报名，最后只有两个人被录取。参加招聘的工程师说："现在的大学生太像了，缺少个性，毫无职场创新能力。"

每个人都想取得成功，都希望自己能够在有生之年成就一番事业。可是，很多人即使花费了毕生精力，依然无法走出思维的牢狱，无法摆脱世俗的束缚。成功，没有一成不变的模式。具备敏锐的眼光，发现他人看不到的细微之处，就能取得成功。

当然，创新必然需要模仿和改良。创新需要模仿，要在前人经验的基础上努力加工改良，用自己的思考去改进。不知旧物则不可言新，创新不能完全抛弃传统，一定要有所扬弃、有所继承。

在我们耳熟能详的故事里，有一个关于瓦特观察水壶开水而发明蒸汽机的故事。其实，瓦特是根据前人的经验，改良了蒸汽机。

公元 1 世纪，古希腊数学家亚历山大港的希罗发明了一种娱乐的汽转球，这就是蒸汽机的雏形。

1679 年，法国物理学家丹尼斯·巴本在观察蒸汽逃离他的高压锅后，制造了第一台蒸汽机的工作模型。

1698 年托马斯·塞维利和 1712 年托马斯·纽科门分别各自制造了早期的工业蒸汽机，主要用于矿井抽水。1807 年，罗伯特·富尔顿成为首个用蒸汽机驱动轮船的人。

由于这种蒸汽机的效率很低，瓦特于 1765 年在纽科门蒸汽机的基础上做出了改良，包括使冷凝器与汽缸分离，发明曲轴和齿轮传动以及离心调速器等。这一改良，大幅度提升了蒸汽机的热效率，降低了煤的损耗，推动了现代工业的快速发展，而且瓦特改良的蒸汽机在现代蒸汽机中仍然被广泛使用。

为了纪念瓦特的贡献，人们以瓦特之名来作为功率的名称。

　　创新就是站在前人的肩膀上前进一小步，而这一小步完全在于你的模仿和改良、你的继承和创新。著名企业家李开复说过："创新并不重要，有用的创新才重要。"所以，在创新的过程中，不是盲目地尝试，而是要遵循一定的规律，量力而为。

14 无人走过的路——别人没做过的事更需坚持

英雄都是有胆有识

每个人都希望自己取得成绩、获得成功，而胆识是走向成功所必备的素质之一，请自问你有吗？只要认真研究成功者的生命轨迹，看看他们成就的事业，就可以发现一条无法否定的事实：胆识是事业成功的关键。

历史上，大国的建立者、大国重要政权的开创者、治国卓有成效者，如亚历山大大帝、凯撒、成吉思汗、拿破仑等，皆具备大智大勇的胆识。就如今而言，单说李嘉诚和霍英东等商界泰斗，他们的成功也都是因为具有独到的眼光，敢于冒险、敢为人先。

很久以前，在南山山谷有一间低微的草屋，里面住着一对贫苦夫妇，丈夫胡合萨连续七年都将自己关在冷室里看书。

一天，妻子泪眼婆婆地对他说："你读这些书有什么用？为了维持家庭生活，我每天都为别人做衣服和洗衣服，连一件新衣服和裙子都没穿过。现在咱们的粮食只够吃三天，再没有粮，咱们就要挨饿了。"

听到妻子的话，胡合萨将书合上，来到了市中心。他拦住一位衣着体面的人："你好，我的朋友。请问，谁是城里的首富？"

"真是太无知了。你难道不知道博尤恩吗？他可是百万富翁，他家的屋顶都是金子做的。"

胡合萨一路打听,来到了博尤恩的房子旁。房门是敞开的,他走进去,直接对主人说:"我需要1万美元做生意,想跟您借。"

博尤恩认真地看着他,然后说:"好,我会借钱给您的,但麻烦您先到市场帮我照顾一下委员会的商船。只要承包了市场最大的委员会商船业务,就能获得更多的金钱。"胡合萨答应了,并表示感谢。

胡合萨走后,人们问博尤恩:"你怎么敢将这么多钱都交给一个陌生人?"

博尤恩回答说:"即使他衣着褴褛,但依然可以从他的眼神中看到一种大无畏的精神。他是一个有胆识的人,值得信赖。"

胡合萨虽然是个穷人,却用超人的自信和胆识成功地获得了百万富翁的信任。如果他怯懦、自卑,也就没有后面发生的事情了。由此可见,一个人的胆识与他的贫富没有直接关系,只跟他的才干和智慧有关。真正聪明的人,即使曾经一贫如洗,同样能够靠着自己的胆识抓住机会,取得成功。

有人说,成功依靠的是恒心和天赋;有人说,成功靠的是信念和机遇;有人说,成功其实是靠习惯和心态。但是,成功者永远都信奉一句真理:成功,靠的是胆识。胆识,是一种重要的心理资源,构成部分有:胆量、冒险、判断、知识、执行。这是一种敢想敢干、敢闯敢冒险、敢作敢为的英雄气概,也是一种气吞山河、大智大勇的人生气概。

一位年轻人在杜兰特公司找到一份工作,工作半年后,他很想知道总裁对自己的认识和评价。虽然知道总裁很忙,但他还是给总裁写了一封信。在这封信中,他问了总裁几个问题,最重要的问题是:"我能否在更重要的位置上干更重要的工作?"

信件发出后,年轻人忐忑不安地等待着,因为他觉得总裁很可能不搭理他。结果,让他没有想到的是,几天后他就收到了总裁的回信。总裁没有回答其他问题,只对最后一个问题进行了答复:"公司打算建个新厂,你去监督新厂的机器安装吧,但你要做好不升迁、不加薪的准备。"

14 无人走过的路——别人没做过的事更需坚持

年轻人知道,自己从来都没有做过相关方面的工作,要在短时间内完成任务,确实很困难。可是,他更清楚,这是一个难得的机遇,如果放弃了,以后可能永远都没有机会了。

来到新厂后,年轻人拿着总裁给他的图纸,每天都细心研究,遇到问题,就向有关人员虚心请教,结果工作顺利开展,并提前完成。年轻人信心满满地向总裁汇报工作进展,结果没见到总裁,却收到一封由工作人员转交的信。总裁在信中说:"从今天开始,你正式升任为新厂总经理,年薪比原来提高10倍。你不仅具有快速接受新知识的能力,领导才能还异常出色。当你向我要求更重要的职位和更高的薪水时,我便发现你与众不同。新公司建成了,你是最好的总经理人选,祝你好运!"

生活中确实有许多的"不可能"驻扎在我们心头,它无时无刻不在侵蚀着我们的意志和理想,许多本来能被我们把握的机遇也便在这"不可能"中悄然逝去。其实,这些"不可能"大多只是人们的一种臆想,只要能拿出胆识主动出击,"不可能"就会变成"可能"。

很多人之所以不能成功,缺乏的不是才能和机遇,而是缺乏那种勇于尝试的胆识。只要我们敢于人先,敢想敢干,不在意别人的冷嘲热讽,就能沿着自己的路走下去,取得成功。

有时人们常说:

80年代初,摆个地摊就能发财,只有少数人摆了。

90年代初,买只股票就能挣钱,只有少数人买了。

21世纪初,开个网站就能赚钱,只有少数人开了。

事实证明,这些少数人大多取得了成功。信不信需要远见,敢不敢需要勇气,而试不试则需要胆量。所以,"饿死胆小的,撑死胆大的"这句俗语是有一定道理的。

眼界决定境界，胆识决定现实。有句话说得好："一个人只有承担大风险，才能获得大成功。"任何一条路都是闯出来的，为了出路，自然需要具备足够的胆识。

知识是科学的、系统性的学问，见识是"读万卷书、行万里路"的结晶，而胆识是知识和见识的精华。可以说，知识是一种境界，见识也是一种境界，而胆识则驾凌在知识和见识之上。也就是说，一桶知识可以换来一滴见识，一桶见识只能变成一滴胆识。

胆识是一种智慧的表现，是个人知识、见识和知识的提炼升华，具体就表现为决策和办事的胆量，以及有胆有识的冒险精神。在生活中，能够找到理想出路的人，全部都具有这种胆识。生命在于折腾，有了好的想法，就要敢于行动。

当然，我们提倡有胆识，但也不是鼓励你莽撞行事，做无谓的冒险；而是说，在面对一件常人看似不可行的事时，能够审时度势，从中看到机遇，并拥有敢于出手的气魄，如此方能成就英雄。

14 无人走过的路——别人没做过的事更需坚持

提前准备好，机会来了就能抓到

犹太人的杰出代表爱因斯坦曾说过："机遇只偏爱有准备的头脑。"时刻准备着，就是成功的真谛。

如今，到处都是渴望财富与成功的人，但真正成功的却只有少数。为什么庸庸碌碌的人如此多？因为他们都不明白一个道理：机会偏爱有准备的头脑。

一位老教授打算在学生中招一名助手，学生知道后，都非常高兴，跃跃欲试，谁都想得到这个荣幸。虽然大家都很优秀，可是名额只有一个，教授也不知道该选谁。

为了找到最佳人选，教授给学生出了一道很简单的题目：我下次再来，谁将自己的课桌收拾得干干净净，谁就能得到这个职位。从那以后，每到星期三早上，学生都会将自己的桌面收拾干净。因为星期三是老教授例行前来授课的日子，只是他们不知道，教授究竟会在哪个星期三到来。

有个学生的想法跟其他学生不同。为了得到老教授的垂青，他每天早上都会将自己的桌椅收拾整齐，时刻让自己的桌面保持整洁，随时欢迎教授的光临。一个月后的某一天，老教授突然出现在教室，这个学生如愿以偿地获得了那个职位。

这个故事告诉我们，提前做好准备，是成功的必要前提。只有自己准备妥当，在机会来临的时候，才不会手忙脚乱；随时保持最佳的状态，等到机会出现时，才能及时抓住。

很多人说，苹果落在牛顿头上，才让他发现了万有引力定律，完全是一个偶然事件。可是他们却不知道，多年来牛顿一直致力于事物间的联系及有关重力等方面的研究，苹果落地这一平常现象，只是激发了他的灵感，是他发现万有引力定律的一个触发媒介而已。

如果牛顿没有做过这些前期的铺垫工作，即使有成千上万个苹果从树上掉下来，也不见得会产生这样的灵感。很多发现和发明看起来纯属偶然，其实如果仔细研究，就会发现根本就不是偶然，而是经年累月积累的结果。世界上，或许需要那一丝灵感，但更需要的是积累。

1850年美国掀起了一股淘金热，很多人都收拾行囊、离家舍业，去了美国西部。李维的心也颤了颤，他也打算趁自己年轻，出去闯闯。

晚上，全家人吃晚饭时，李维向哥哥谈了自己的想法："哥哥，听说西部发现了大金矿，许多人去了，都发了财。"

哥哥说："不要相信一夜暴富的神话，这些消息搅得整个城市都不得安宁，还是踏实做自己的事吧。"

李维说："我也想到西部碰碰运气。现在这份工作，我已经干得很熟了，也干腻了。"

哥哥抬起头，望着李维："西部，虽然可以让我们一夜之间变成巨富，但也充满了暴力、罪恶，你还小，我不放心，还是在家安心待着吧。"

李维说："不用担心，这三年我推销布匹，学到很多与人打交道的技巧。我到外面另谋生路，一定会发了财来见你的。"哥哥看到李维的主意已定，只好勉强同意。

李维告别家人后，长途跋涉，来到了淘金者的必经之地——旧金山。这时候，他才发现，自己来晚了，有金可挖的地方几乎都已被先来的淘金者占据了。

李维找到一块自认为可能有黄金的沙滩，挖了几天，一点金砂也没见着。他懊丧极了，但为了生存，只好在旧金山开了一个小商店，专门销售牙膏、肥皂、针头线团等日常用品，还有些露营用的帐篷和做马车篷用的帆布。可是买东西的人不多，商店异常冷清。

一天，有位疲惫的淘金者来到李维的小店。他的衣服破破烂烂，尤其是用来装金砂的裤子口袋，更是破得不成样子。

"先生，您想买点什么？"李维看到了客人，便客气地迎上去。

"你这里有衣服没有？我想要身结实点儿的衣服。"淘金者指了指自己的衣服说。

"是啊，您这身衣服确实不能再穿了，该换换。"李维迎合地说。

淘金者继续说："小兄弟，这身衣服我穿了还不到一个月。矿里到处都是石头，加上干活繁重，磨来磨去，没几天就成这样了。给我找身耐磨的衣服。"

李维拿出店里最结实的衣服，让淘金者试穿。衣服确实合适，但淘金者依然觉得不结实，无可奈何地付了钱。接着，他点着一支香烟，靠着柜台休息，与李维聊了起来："你们能不能进点更结实的衣服？"

李维耸耸肩，笑着说："您买的那身衣服已经是最结实的了。"淘金者看到店里挂着帆布马车篷，用手指着开玩笑说："用这种帆布做条裤子，结实又耐磨，我准买。"

一语点醒梦中人，李维敏感地意识到，机会来了。他立刻卷起帆布马车篷子，果断地说："我现在就带你去用它做裤子。"李维和淘金者一起来到附近的裁缝店，帆布裤子很快就做好了，淘金者感到很满意——这就是后来风行全球的牛仔裤。

机会只是给准备好的人，如果李维之前没有做过相关的准备工作，可能也不会有后面的成就了。矿工需要的是耐磨的裤子，可是李维手头却只有做帐篷的帆布。如果他的头脑不够灵活，只会后悔自己进错了商品，这次机会绝对就错过了。

机遇就是这么神奇，给"疑无路"的人带来"柳暗花明"的新村，给"散尽千金"的商人带来"还复来"的财富。只有提前做好准备，才能辨识和把握机遇。

中国航天员的选拔要"过五关斩六将",而杨利伟就通过自己的努力过了一关又一关,得到了实现飞天梦想的机会。杨利伟为什么能够成为中国航天第一人?原因之一就是,在过去已经做了充分的准备。

杨利伟始终严格要求自己,每次训练都是全身心投入、精益求精。他那严肃认真的精神和熟练的操作,得到了教员的称赞。就这样,靠着优秀的训练成绩和综合素质,杨利伟自然就光荣地成了"神舟"五号飞船的航天飞行员。

机遇只喜欢那些有准备的头脑,能否抓住机会、利用机遇,就是要看人们是否有知识、文化、思想等多方面的准备。没有耕耘就没有收获,将科学家重大发现的原因归于偶然的机遇,实在是个谬误。有的人,坐着等机遇,躺着喊机遇,睡着梦机遇;别人都在为自己的升职加薪努力工作时,他还在日复一日地重复工作。而当机遇真的来到身边时,不是发现不了,就是无力胜任,自然也就失去了晋升的空间。

台上一分钟,台下十年功。不要总羡慕别人的成功,也要多看看他们背后的艰难困苦和付出。愚者错失机会,而智者往往善于抓住机会,他们凭借的就是提前做好知识和思维的准备。

14 无人走过的路——别人没做过的事更需坚持

勤奋，勤奋，再勤奋

俗话说得好："功夫不负有心人。"这就告诉我们：只要勤奋，只要认真地对待所做的事，必然可以做好。有的人之所以会成功，是因为他们付出了辛勤的劳动。

真正的天才少之又少，而我们大多数都只是普通人，如果想获得丰厚的回报，就要付出十二分的努力——勤奋，勤奋，再勤奋。

张骞出身贫苦人家，饱受欺凌的父母为了让他尽快摆脱贫穷的窘境，幼年时就让他拜当地有名望的宋普斋为师。可是，张骞资质普通，学习也不用功。第一次参加州试后，严厉的宋普斋很生气，把他叫到面前："你知道自己这次考试的成绩如何吗？今后有什么打算？"张骞知道自己考得不好，低着头，大气儿也不敢出，等着老师责罚。

宋老师严厉地说："要想成为人上人，就要付出超过常人千倍万倍的努力和汗水。如果有1000个考生，人家只录取999个，你就是落榜的那个。要想摆脱危机，就要勤奋。"听了老师的教诲，张骞后悔极了。

回到家门口，张骞正好看到母亲背着柴火走过来。她满脸疲惫，小山一样的柴火将母亲的背压得很低。张骞心中一阵绞痛，他潸然泪下。进屋之后，张骞立刻取来笔墨纸砚，写下了"九百九十九"五个大字，之后将其悬挂在房间最醒目的地方。从此，张骞像变了个人似的，没日没夜地勤奋苦读。

几十年如一日，张骞凭着惊人的毅力，终于在42岁时考中了状元。

成功是苦尽后的甘甜，要想成功，就要懂得付出努力和勤奋。张謇的资质很普通，可是靠着不停的努力，依然中了状元。虽然那时候的他已经42岁，但足以证明勤奋的巨大力量。成功是每个人坚定不移的追求，但是要想成功并不容易，需要付出无数的汗水和泪水。

从来都没有从天而降的成功，坐享其成、守株待兔的懒人连桂冠的边都沾不上。一分耕耘，一分收获。成功之花，必然需要辛勤的汗水来浇灌。只有敢于付出，比别人更努力，才能实现自己的理想。

美国第16任总统林肯，是众所周知的大演讲家。他之所以能够提高演讲水平，就在于他从青少年时代开始，就对演讲口才进行了刻苦的练习，做到了多看、多听、多说。

年轻的时候，林肯不仅当过农民、伐木人，还做过店员、邮电员等工作。后来，他为了成为律师，经常徒步30英里，到法院去听律师的辩护词，研究他们怎样辩论、看他们如何表达。

林肯在倾听政治家、演说家演讲时，会一边认真倾听、一边模仿。同时，林肯还会认真倾听福音传教士挥舞手臂的布道。回来之后，他就会学习他们的样子，对着树林和玉米地反复练习。最终，他的演讲能力大大提高，成了著名的演讲家。

不管做什么事情，从事什么行业，都必须下功夫。"三百六十行，行行出状元"，但要想成为状元郎，不付出汗水是不行的。漫长的成功之路，满是坎坷荆棘；只有勤奋下功夫，才能披荆斩棘，到达成功的终点。

爱因斯坦说过："成功＝艰苦劳动＋正确方法＋少说空话。"只要付出，就会有所收获；只有勤奋努力，才能创造明天的辉煌。

金珂参加工作一个月，感触最深的是，虽然工作很容易上手，但要想做出成绩，也不容易。他刚进入这个行业，认识的客户不多，大多数时间都是跟着师傅出去跑，

14 无人走过的路——别人没做过的事更需坚持

向师傅学习。虽然这些内容跟他想象中有很大的差别,但他还是很有干劲儿。

金珂知道,做业务不像学习,突击一下短时间内就能提高,要想成为优秀的业务员,必须从跑腿这些最基础的工作做起,慢慢积累;师傅做了很多年才有了丰富的经验,建立起了自己的业务关系网,如果自己好高骛远,只会吃苦头。

为了积累经验,金珂经常出差,即使是高温天气,也有1/3时间在外面跑。当别人问他对于现在的工作抱有什么期望时,他说:"就怕闲下来坐在办公室里,最好让我多出门,多在外面跑跑。"这种精神,受到领导的一致认可,试用期过后金珂成功转正。

成功,其实就是达成设定的目标,而实现目标需要的就是勤奋。只有付出,才能有所有收获。就像农夫,每天辛勤地耕耘,才能收获应有的硕果。一味地接受,而不懂付出,结果只会贫瘠一片,足迹罕至。

在我们身边,很多人看起来都能取得成功,在他人眼中,他们是个人物,但是到了最后,却没有成功,这是为何?因为他们不愿意付出和成功相应的努力,只想投机取巧。因而,要想在工作中取得成绩,就要提高工作的积极性,勤动手,勤动脑。

撒下的种子,如果没有辛勤的浇灌和施肥,如何能够生根发芽?如何能够长出果实?人生路漫漫,只有抓住每一次机会,为之付出真诚而辛勤的努力,成功才会如愿到来。所以,不管现在处于什么样的水平,都要努力地、用心地、细致地去完成自己的事情。

天道酬勤,付出汗水和时间,一定可以换来你想要的东西!

附：
我们终会遇见想要的未来

曾经在很长的一段时间里，我都不知道未来是什么状态，也不知道该如何将其具体化。可是，我知道，只要梦想不抛弃我，我就不会背弃它；即使感到无助、茫然，也要深深地吸一口气，站起来，走下去。我时常告诉自己：此时放弃了，就再也到不了理想中的地方了。

在2016年的夏天，我到北京看望在那里工作的侄女。为了实现自己的梦想，侄女2015年大学毕业后，从石家庄来到北京。在朝阳区的一个小区地下室，我看到了她。北京房租很贵，以侄女的工资根本支付不起条件好的出租房，于是她租了一个地下室，月租400元。房间窄小，只能摆下一张床，好在侄女的东西不多。地下室虽然比外面凉快，但到处都是湿漉漉的。

侄女刚到北京一年，没有找到理想的工作，为了养活自己，她在距离这里不远的一家超市打工，每天都要站立十几个小时，有时候甚至还要加班到零点。侄女说，自己干得很开心，这里可是北京CBD，能看到很多外国人。

侄女每天都要做3份工作：早晨4点到早点摊帮忙，上午到超市收银，下午5点以后到冷饮店站岗。每份工作都挣不到什么钱，但她都在认真地做。我问她，为什么要这么辛苦？为什么不让家里给你寄点钱？她笑着对我说："上了这么多年的学，总得自己养活自己。趁年轻，多做些工作，多体验一些，多挣点钱，为以后打基础。"晚上，侄女有工作，我只好离开。

附：我们终会遇见想要的未来

看着像侄女一样奔跑在路上的少男少女们，我的心一阵悸动。是啊，每个人都有梦想，都在用自己的方式追求梦想；虽然现在还没有实现，但只要努力，只要坚持，终究会有实现梦想的一天。

我们大多都是普通人，都不是含着金钥匙出生的。只有慢慢摸索，不断地给自己定下目标，不断坚持走下去，说不定在未来的某一天路灯就会突然亮起，照亮奔跑的脚步，带领我们走向心中的梦想。